W0269377

ML Mathematik für die Lehrerausbildung

Buchmann
Nichteuklidische Elementargeometrie
Einführung in ein Modell
126 Seiten. DM 18,80

Freund / Sorger
Aussagenlogik und Beweisverfahren
136 Seiten. DM 14,80

Kreutzkamp / Neunzig
Lineare Algebra
136 Seiten. DM 15,80

Messerle
Zahlbereichserweiterungen
119 Seiten. DM 15,80

Walser
Wahrscheinlichkeitsrechnung
164 Seiten. DM 15,80

Die Reihe Mathematik für die Lehrerausbildung
wird durch weitere Bände fortgesetzt.

Preisänderungen vorbehalten.

B. G. Teubner Stuttgart

Nichteuklidische Elementargeometrie

Einführung in ein Modell

Von Dr. rer. nat. G. Buchmann
o. Professor an der Pädagogischen Hochschule Flensburg

1975. Mit 107 Figuren und 46 Aufgaben

 B. G. Teubner Stuttgart

Prof. Dr. rer. nat. Günter Buchmann

Geboren 1929 in Eisleben. Ab 1947 Studium der Mathematik, Physik und Pädagogik in Halle/Saale und Münster.
1955 Promotion in Mathematik. Nach Staatsexamen in
Mathematik und Physik Schuldienst am Gymnasium Adol-
finum in Moers. Von 1964 bis 1968 Dozent für Didaktik
der Mathematik an der Pädagogischen Hochschule Kettwig/
Duisburg. Seit 1968 Professor, seit 1969 o. Professor für
Mathematik und ihre Didaktik an der Pädagogischen Hochschule Flensburg.

ISBN 978-3-519-02702-7   ISBN 978-3-322-94754-3 (eBook)
DOI 10.1007/978-3-322-94754-3

Umschlaggestaltung: W. Koch, Sindelfingen

Mathematik für die Lehrerausbildung

G. Buchmann
Nichteuklidische Elementargeometrie

Mathematik für die Lehrerausbildung

Herausgegeben von
Prof. Dr. G. Buchmann, Flensburg, Prof. Dr. H. Freund, Kiel
Prof. Dr. P. Sorger, Kiel, Dr. W. Walser, Baden/Schweiz

Die Reihe Mathematik für die Lehrerausbildung behandelt studiumsgerecht in Form einzelner aufeinander abgestimmter Bausteine grundlegende und weiterführende Themen aus dem gesamten Ausbildungsbereich der Mathematik für Lehrerstudenten. Die einzelnen Bände umfassen den Stoff, der in einer einsemestrigen Vorlesung dargeboten wird. Die Erfordernisse der Lehrerausbildung berücksichtigt in besonderer Weise der dreiteilige Aufbau der einzelnen Kapitel jedes Bandes: Der erste Teil hat motivierenden Charakter. Der Motivationsteil bereitet den zweiten, theoretisch-systematischen Teil vor. Der dritte, auf die Schulpraxis bezogene Teil zeigt die Anwendung der Theorie im Unterricht. Aufgrund dieser Konzeption eignet sich die Reihe besonders zum Gebrauch neben Vorlesungen, zur Prüfungsvorbereitung sowie zur Fortbildung von Lehrern an Grund-, Haupt- und Realschulen.

Vorwort

Die von fachkundiger Seite schon seit längerem geäußerte Befürchtung, daß der Anteil
der Geometrie am Mathematikunterricht verhängnisvoll abnehme, und damit jene Diszi-
plin vernachlässigt werde, deren „anschauliche Evidenz" gerade für die Didaktik un-
entbehrlich ist, findet zunehmend Beachtung.

Die Gründe für diese Entwicklung sind sicher vielschichtig. N u r z u m T e i l trägt
die Zielvorstellung einer völligen Algebraisierung der Geometrie (im Sinne Dieudonnés)
dazu bei, daß in wachsendem Maße der Geometrie lediglich noch eine anschaulich-heu-
ristische Hilfsfunktion zugebilligt wird, und von ihrer „Autonomie" (s. Behnke [4]) im
Unterricht kaum noch gesprochen werden kann.

E n t s c h e i d e n d scheint vielmehr die Tatsache zu sein, daß an den Hochschulen
(aber auch Universitäten!) kaum Veranstaltungen angeboten werden, die dem künftigen
Lehrer die Grundlagen seiner Schulgeometrie vermitteln. (Es soll Hochschulen geben,
in deren Katalog der obligatorischen Vorlesungen die Lineare Algebra der einzige
Beitrag zur Geometrie ist.)

Andererseits hat ein Studienanfänger in der Regel die Geometrie zuvor eher im Sinne
einer Naturwissenschaft kennengelernt, da zu Recht ein axiomatischer Aufbau der
Schulgeometrie abgelehnt wird. So sieht er die Notwendigkeit eines Studiums der
Axiomatischen Geometrie nicht so recht ein: Sie erscheint ihm entweder l a n g w e i -
l i g, wenn sie ihm nach mühevoller „logischer Akrobatik" doch nur die „Trivialitäten"
der euklidischen Geometrie begründet ; oder aber z u a b s t r a k t, da eine Ver-
wandtschaft zu der „einzig gültigen" Schulgeometrie für ihn nicht mehr erkennbar ist.
Das Engagement für die Geometrie, die er später seinen Schülern als „schön" oder
„interessant" vermitteln soll, bleibt aus.

Deshalb wird hier versucht, durch eine vorwiegend p h ä n o m e n o l o g i s c h e Betrachtung des speziellen Kleinschen Modells, die Schulgeometrie so zu p r o b l e m a -
t i s i e r e n, daß diese „alte Tante" (nach Papy [28]) wieder an Attraktivität gewinnt.
Da indessen als ästhetisch reizvoll (bei einer Person) nicht in erster Linie die Zweck-
mäßigkeit ihres Skelettbaus erscheint, wird auf ein axiomatisches Vorgehen hier verzichtet. Trotzdem soll jedoch deutlich werden, daß auch die Geometrie ein solches
Skelett b e s i t z t, und welche (nicht nur formale !) Bedeutung den Axiomen für
den I n h a l t wichtiger Sätze des Schulunterrichtes zukommt.

Gemäß dieser Zielsetzung, eine „angemessene Überleitung" von der Schulgeometrie zu
allgemeineren, wissenschaftlichen Problemstellungen zu bieten, wurden auch die An-
sprüche an das Vorwissen minimalisiert: Neben den Eigenschaften einer Gruppe werden
lediglich die aus der Analytischen Geometrie bekannten Gleichungen von Gerade, Kreis
und Ellipse (an einer Stelle auch die einer Ellipsentangente) vorausgesetzt.

Daher konnte als Zugang zum Modell keiner der beiden „klassischen" Wege (entweder
über die projektive Geometrie oder über die komplexe Analysis) gewählt werden. Die
hier benutzte spezielle Polarenspiegelung — ein besonders einfacher Spezialfall einer
projektiven Abbildung — gestattet es aber, ganz im „Elementaren" und damit im Reellen zu bleiben[1].

---

[1]Mit diesem Argument wurde bisher die Bevorzugung des Modells von Poincaré in der
Didaktik begründet, vgl. Meschkowski [25].

Neben dem Kleinschen Standardwerk selbst [20] haben nur zwei spezielle Darstellungen des Kleinschen Modells Verbreitung gefunden: Das Buch von Norden [26] und das vorzügliche Bändchen von Baldus/Löbell [3]. Doch werden auch diese von Lehrerstudenten als zu anspruchsvoll empfunden. Im Gegensatz zu der in diesen Werken e r s c h ö p f e n d e n Behandlung beschränkt sich dieses Studienbuch inhaltlich bewußt auf jenen Teil der hyperbolischen Modellgeometrie, dessen analoge Begriffsbildungen im Euklidischen auch für den V o l k s s c h u l u n t e r r i c h t u n e n t b e h r l i c h sind.

Die Darstellung erfolgt in einer „epischen Breite" (außer der die Polarenspiegelung definierenden Gleichungen werden alle tragenden Begriffe ausführlich heuristisch vorbereitet), die prinzipiell auch einem Schüler der Sekundarstufe II das Verstehen ermöglicht.

Die eigentlichen Adressaten sind jedoch Lehrerstudenten in den Anfangssemestern. Von ihnen sollen drei Gruppen angesprochen werden:

Zunächst jene, deren fachwissenschaftlicher Schwerpunkt n i c h t in die Geometrie fällt. Für sie wird das Minimum an „nichteuklidischer Allgemeinbildung" (Hintergrundwissen) vermittelt, ohne das die Erteilung eines Geometrieunterrichtes nicht gut denkbar ist. Sie erkennen, daß die Stärke der abbildungsgeometrischen Methode über das Euklidische hinausreicht. Nicht zuletzt sollen sie aber auch an wenigstens e i n e r Stelle ihres Studiums das (horribile dictu) schlicht-handwerkliche Konstruieren und Zeichnen üben!

Die zweite — und weitaus größte — Gruppe bilden d i e Lehrerstudenten, denen die Geometrie ihrer Anschaulichkeit wegen „irgendwie liegt". Für sie ist diese Vorlesung als Verständnishilfe, vor allem aber als M o t i v a t i o n für weiterführende geometrische Veranstaltungen gedacht.

Schließlich werden jene, die an der nichteuklidischen Geometrie selbst so viel Interesse finden, daß sie das Thema ihrer Examensarbeit diesem Gebiet entnehmen wollen, in die Lage versetzt, mit Hilfe der im Anhang aufgeführten Literatur die hier nicht berücksichtigten Begriffe zu erwerben und zu relativ eigenständiger „Erforschung" des Kleinschen Modells zu nutzen.

Dem Leser wird daher das h-Modell nicht als etwas „Fertiges" vorgestellt, zu dem nur noch einige Beweisergänzungen (etwa nichtberücksichtigter Spezialfälle) hinzugefügt werden können; sondern es werden die Methoden aufgezeigt, die ihn zu eigenem, problemorientierten „geometrischen Tun" befähigen.

Die durchgängig beibehaltene Vorstellung, daß „die gesamte Welt der h-Bewohner" durch die Rückseite eines Bierfilzes erfaßt werden kann, ließe sich in der Sprache moderner Pädagogik mit einer „Aktivierung durch affektive Lernmotivation" begründen. Statt dessen wird schlichter gefordert: Auch Studierende sollen etwas S p a ß beim Lernen haben!

Der Versuch, auf diese Weise wieder mehr Lehrerstudenten für die Geometrie zu gewinnen, ist sicher noch mit Unzulänglichkeiten und Fehlern behaftet. Für Anregungen zur Verbesserung des hier aufgezeigten Weges wäre daher der Autor sehr dankbar.

Besonderer Dank sei jedoch dem — der Geometrie in besonders traditionsreicher Weise verbundenen — Verlag Teubner ausgesprochen, der mit dieser Reihe nun auch d i d a k t i s c h e Publikationen ermöglicht.

Glücksburg, im Frühjahr 1975   G. Buchmann

Inhalt

6 Flächenmessung im h-Modell

7 Das h-Modell und die hyperbolische Geometrie

1 Die Polarenspiegelung B

1.1 Die spezielle Polarenspiegelung S_p^*

Definition 1.1 Sei P ein Punkt außerhalb eines beliebigen Kreises K_r. Jene Sekante p von K_r, die durch die zwei Berührpunkte der von P an K_r gelegten Tangenten geht, heißt P o l a r e des Punktes P bezüglich des Kreises K_r; der Punkt P heißt P o l der Geraden p bezüglich K_r (Fig. 1.1).

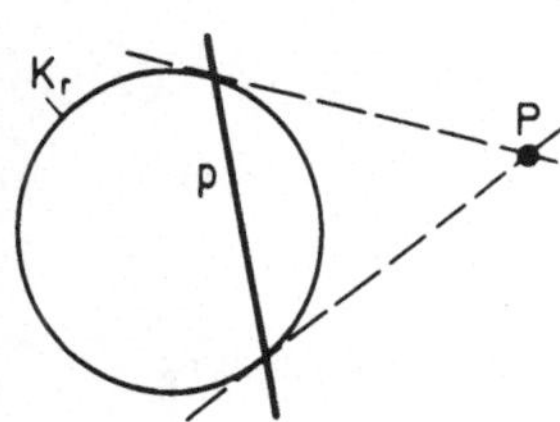

Fig. 1.1   Fig. 1.2

Eine Polare kann auch zu einem Punkt, der im Inneren eines Kreises liegt, definiert werden. Da dieser Fall jedoch in unseren Betrachtungen nicht auftritt, ist Definition 1.1 für uns ausreichend.

Im gewöhnlichen kartesischen Koordinatensystem ist der Pol der zur y-Achse parallelen Geraden p: $x = a$ (mit $0 < |a| < 1$) (Fig. 1.2) bezüglich des Einheitskreises K_0: $x^2 + y^2 = 1$ der Punkt P $(1/a; 0)$ (vgl. Aufgabe 1.1). Für diese Lage von Pol und Polare bezüglich des Einheitskreises werden wir eine Abbildung $Q(x; y) \to Q'(x'; y')$ untersuchen, die durch die Transformationsgleichungen

$$x \to x' = \frac{\left(a + \frac{1}{a}\right)x - 2}{2x - \left(a + \frac{1}{a}\right)} ; \quad y \to y' = \frac{\left(a - \frac{1}{a}\right)y}{2x - \left(a + \frac{1}{a}\right)} \quad \text{mit } 0 < |a| < 1 \ (1.1)$$

festgelegt sein soll. Da diese Gleichungen sinnlos werden, wenn die jeweiligen Nenner Null sind, müssen wir die Gerade z mit der Gleichung

$$z: x = \frac{1}{2}\left(a + \frac{1}{a}\right)$$

aus unseren Betrachtungen ausschließen. Wir bezeichnen die Punktmenge der gesamten Ebene mit E und setzen fest:

Definition 1.2 Eine Abbildung S_p^*, die auf der Menge E\z durch die Transformationsgleichungen

B

$$S_p^* = \begin{cases} x \to x' = \dfrac{ux - 2}{2x - u} & \text{mit: } u = a + \dfrac{1}{a}, \; v = a - \dfrac{1}{a} \\[3mm] y \to y' = \dfrac{vy}{2x - u} & \text{und } 0 < |a| < 1 \end{cases} \qquad (1.2)$$

erklärt ist, heißt s p e z i e l l e   P o l a r e n s p i e g e l u n g an der Geraden p mit p:
x = a.

Durch S_p^* wird also jedem Punkt $Q_0\,(x_0; y_0) \in E \backslash z$ e i n d e u t i g ein Bildpunkt
$Q_0'\,(x_0'; y_0') \in E \backslash z$ zugeordnet.

Lösen wir die Gleichungen (1.2) nach x und y auf, so erhalten wir die zu S_p^* i n v e r s e
Abbildung S_p^{*-1} mit den Transformationsgleichungen:

$$S_p^{*-1} = \begin{cases} x' \to x = \dfrac{ux' - 2}{2x' - u} \\[3mm] y' \to y = \dfrac{vy'}{2x' - u} \end{cases} \qquad \text{mit } x' \neq \dfrac{u}{2}. \qquad (1.3)$$

Aus (1.3) ist ersichtlich, daß auch jedem Bildpunkt $Q_0'\,(x_0'; y_0') \in E \backslash z$ e i n d e u t i g
ein Urbildpunkt $Q_0\,(x_0; y_0) \in E \backslash z$ entspricht. Wir können also festhalten:

Satz 1.1 Die spezielle Polarenspiegelung S_p^* ist eine B i j e k t i o n der Punktmenge
$E \backslash z$ a u f s i c h s e l b s t.

Die Bijektion S_p^* besitzt einige wichtige Eigenschaften, die in den folgenden Sätzen mit
Hilfe bekannter Formeln aus der Analytischen Geometrie nachgewiesen werden. Da
schon festgestellt wurde, daß die Punkte der Geraden z: x = u/2 aus unseren Betrachtungen ausgeschlossen werden müssen, beziehen sich diese Sätze nur auf die Punktmenge $E \backslash z$.

Satz 1.2 Die Abbildung S_p^* ist g e r a d e n t r e u; d. h., das Bild einer Geraden g ist
wieder eine Gerade g'.

B e w e i s. Ist y = mx + c (mit m, c $\in$ **R**) die Gleichung einer beliebigen Geraden g, so
erhalten wir für die Koordinaten ihrer Bildpunkte nach (1.3)

$$\frac{vy'}{2x' - u} = m\,\frac{ux' - 2}{2x' - u} + c$$

$$y' = \frac{m}{v}\,(ux' - 2) + \frac{c\,(2x' - u)}{v}$$

$$y' = \frac{mu + 2c}{v}\,x' - \frac{2m + uc}{v},$$

also wieder die Gleichung einer Geraden von der Form

$$y' = m_1 x' + c_1.$$

Wie man durch Einsetzen sofort feststellt, sind damit auch die Geraden erfaßt, die parallel zur x-Achse (m = 0) bzw. zur y-Achse (x = c) verlaufen.

Definition 1.3 (F i x g e b i l d e   u n d   F i x p u n k t g e b i l d e) Eine Punktmenge **M**
heißt F i x g e b i l d e   d e r   A b b i l d u n g Γ, wenn $\Gamma\,(\mathbf{M}) = \mathbf{M}$ gilt; d. h., wenn Bild-
und Urbildmenge gleich sind.

Gilt bei einer Abbildung Γ für einen Punkt P: $\Gamma\,(P) = P$, so heißt P F i x p u n k t   d e r
A b b i l d u n g Γ. Eine Punktmenge, die nur aus Fixpunkten einer Abbildung Γ besteht,
heißt F i x p u n k t g e b i l d e   d e r   A b b i l d u n g Γ.

B e i s p i e l. Bei einer gewöhnlichen Spiegelung S der Ebene E an einer Geraden s ist
jeder Kreis K, dessen Zentrum auf s liegt, Fixgebilde der Spiegelung S. Sein Zentrum
ist Fixpunkt, und die Gerade s selbst ist Fixpunktgebilde der Abbildung S (Fig. 1.3).

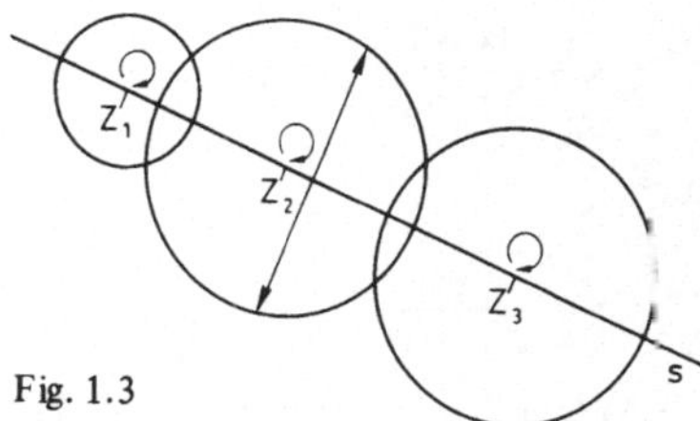

Fig. 1.3

Satz 1.3 Sowohl die Peripherie als auch das Innere des Einheitskreises sind jeweils Fixgebilde bezüglich S_p^*.

Nach Definition 1.3 sagt dieser Satz aus, daß ein Punkt des Einheitskreises K_0 durch
S_p^* wieder auf einen Punkt von K_0 abgebildet wird und der Bildpunkt eines Punktes
im Kreisinneren K_i wieder in K_i liegt.

B e w e i s. Nach den Gleichungen (1.2) gilt für die Summe der Koordinatenquadrate
eines Bildpunktes

$$x'^2 + y'^2 = \frac{(ux - 2)^2}{(2x - u)^2} + \frac{v^2 y^2}{(2x - u)^2}$$

$$= \frac{u^2 x^2 - 4ux + 4 + v^2 y^2}{4x^2 - 4ux + u^2}$$

mit $u^2 = v^2 + 4$ (nach (1.2)) folgt

$$= \frac{v^2 x^2 + 4x^2 - 4ux + 4 + v^2 y^2}{4x^2 - 4ux + v^2 + 4}$$

also

$$x'^2 + y'^2 = \frac{(x^2 + y^2)\, v^2 + 4x^2 - 4ux + 4}{v^2 + 4x^2 - 4ux + 4} \tag{1.4}$$

Ist nun der Urbildpunkt Q (x; y) ein Punkt des Einheitskreises K_0, so gilt $x^2 + y^2 = 1$.
Aus (1.4) folgt dann $x'^2 + y'^2 = 1$; d. h., auch die Koordinaten seines Bildpunktes $Q' =
S_p^*$ (Q) erfüllen die Gleichung des Einheitskreises K_0.

B Liegt Q $(x; y)$ hingegen im Inneren des Einheitskreises, dann gilt

$$x^2 + y^2 < 1.$$

Damit ist jedoch der Zähler des Bruches von (1.4) kleiner als der Nenner. Also muß gelten:

$$x'^2 + y'^2 < 1;$$

d. h., auch der Bildpunkt Q' liegt im Inneren des Einheitskreises.

Um die Menge aller Fixpunkte von S_p^* zu gewinnen, berücksichtigen wir, daß nach Definition 1.3 für jeden Fixpunkt P gelten muß: S_p^* (P) = P. Nach den Gleichungen (1.2) also sowohl

$$x = \frac{ux - 2}{2\,x - u} \qquad\qquad (1.5)$$

als auch

$$y = \frac{vy}{2\,x - u}. \qquad\qquad (1.6)$$

Aus (1.5) folgt $2\,x^2 - ux = ux - 2$; d. h. $x^2 - ux + 1 = 0$. Also gilt

$$x = \frac{u}{2} + \frac{v}{2} = a$$

oder $\quad x = \frac{u}{2} - \frac{v}{2} = \frac{1}{a}$.

Aus (1.6) folgt $y = 0$ oder (für $y \neq 0$)

$$x = \frac{u + v}{2} = a.$$

Es gilt also

Satz 1.4 Das einzige Fixpunktgebilde der Abbildung S_p^* ist die Vereinigungsmenge aus dem Pol P $(1/a; 0)$ mit der Polaren p: x = a.

Aus diesem Satz folgt zusammen mit Satz 1.2 sofort

Satz 1.5 Alle Geraden durch den Pol P $(1/a; 0)$ von p bezüglich des Einheitskreises K_0 sind F i x g e r a d e n von S_p^*.

B e w e i s. Ist die Gerade die Parallele zur y-Achse durch P, so hat sie die Gleichung x = 1/a. Mit Satz 1.2 und den Transformationsgleichungen (1.2) folgt für die Gleichung ihrer Bildgeraden $x' = 1/a$. Ist sie nicht parallel zur y-Achse, so schneidet sie die Gerade p in einem Punkt Q. Nach Satz 1.4 sind P und Q Fixpunkte. Da jede Gerade durch zwei Punkte festgelegt ist, folgt daraus die Behauptung.

Satz 1.6 Die Komposition (Verkettung) der Abbildung S_p^* mit sich selbst ist die identische Abbildung I:

$$S_p^* \circ S_p^* = I.$$

Man sagt: S_p^* ist **i n v o l u t o r i s c h**.

B e w e i s. Sei $Q(x; y)$ ein beliebiger Punkt von $E \setminus z$; wir bezeichnen mit $Q'(x'; y') = S_p^*(x; y)$ seinen Bildpunkt und mit $Q''(x''; y'') = S_p^*(Q')$ das Bild seines Bildes. Nach (1.2) gilt

$$x'' = \frac{ux' - 2}{2\,x' - u} \quad \text{und} \quad y'' = \frac{vy'}{2\,x' - u} \; ;$$

und abermals nach den Gleichungen (1.2)

$$x'' = \frac{u\,\dfrac{ux - 2}{2\,x - u} - 2}{2\,\dfrac{ux - 2}{2\,x - u} - u} \quad \text{und} \quad y'' = \frac{v\,\dfrac{vy}{2\,x - u}}{2\,\dfrac{ux - 2}{2\,x - u} - u} \; ,$$

also

$$x'' = \frac{u^2 x - 2\,u - 4\,x + 2\,u}{2\,ux - 4 - 2\,ux + u^2} \; , \qquad y'' = \frac{v^2 y}{2\,ux - 4 - 2\,ux + u^2}$$

$$x'' = \frac{(u^2 - 4)\,x}{u^2 - 4} \quad \text{und} \quad y'' = \frac{v^2 y}{u^2 - 4} \; ;$$

mit $u^2 - 4 = v^2$ (nach (1.2)) folgt also

$$x'' = x \quad \text{und} \quad y'' = y.$$

Zur Veranschaulichung der Sätze 1.2 bis 1.6 diene Fig. 1.4.

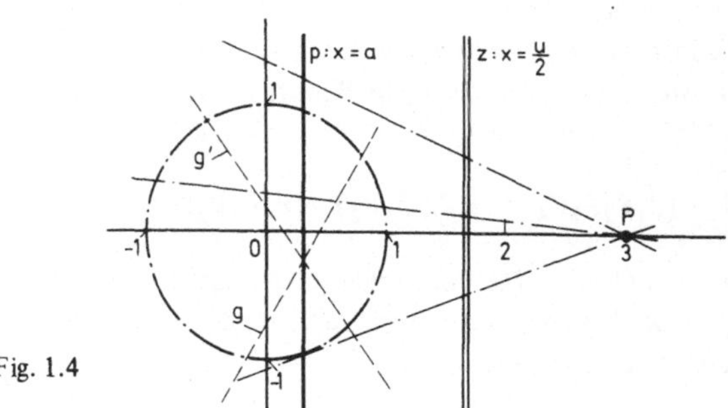

Fig. 1.4

1.2 Das Doppelverhältnis

Wie man unmittelbar einsieht, vermittelt die Abbildung S_p^* i. allg. weder kongruente noch ähnliche Bilder. D. h., sind A, B und C drei Punkte einer Geraden g, dann liegen zwar nach Satz 1.2 die Bildpunkte A', B' und C' wieder auf einer Geraden g', jedoch stimmen die Bildstrecken weder in ihrer Länge noch in ihren Teilverhältnissen mit denen der Urbildstrecken überein. Charakteristisch für die Abbildung S_p^* ist es jedoch, daß sie das sogenannte „Doppelverhältnis" von vier kollinearen Punkten unverändert läßt. Da wir aus dieser Tatsache später wichtige Folgerungen ziehen werden, sollen einige Eigenschaften dieses Doppelverhältnisses hier erörtert werden.

B **Definition 1.4** Unter dem Doppelverhältnis von vier verschiedenen auf einer Geraden g liegenden Punkten P_1, P_2, P_3 und P_4 (in Zeichen: $\delta = (P_1 P_2 P_3 P_4)$) versteht man den Quotienten

$$\delta = \pm \frac{|\overline{P_1 P_3}|}{|\overline{P_2 P_3}|} : \frac{|\overline{P_1 P_4}|}{|\overline{P_2 P_4}|} \, ,$$

wobei unter $|\overline{P_i P_k}|$ die jeweiligen Streckenlängen zu verstehen sind. Das Vorzeichen richtet sich nach der Anordnung der vier Punkte in der Weise, wie sie in der folgenden Koordinatenschreibart des Doppelverhältnisses deutlich wird:

$$\delta = \frac{x_3 - x_1}{x_3 - x_2} \cdot \frac{x_4 - x_2}{x_4 - x_1} = \frac{y_3 - y_1}{y_3 - y_2} \cdot \frac{y_4 - y_2}{y_4 - y_1} \, . \tag{1.7}$$

Einer dieser beiden Terme wird sinnlos, wenn die Gerade g zu einer Koordinatenachse parallel verläuft, während dann der andere bestimmt bleibt (vgl. [3]). Der Spezialfall $\delta = -1$ wird in der Schulgeometrie als h a r m o n i s c h e   T e i l u n g bezeichnet.

Das Doppelverhältnis ist sicher invariant gegenüber gewöhnlichen Kongruenzabbildungen, da diese die Streckenlänge und die Anordnung unverändert lassen.

Aus der Formel (1.7) lassen sich unmittelbar folgende Eigenschaften des Doppelverhältnisses ableiten:

Satz 1.7 a) δ kann die Werte 0 und 1 nicht annehmen, weil sonst zwei der vier Punkte zusammenfallen würden.

b) Wie man durch Vertauschung der entsprechenden Indizes feststellt, bleibt δ unverändert, wenn man gleichzeitig die Punkte P_1 mit P_3 und P_2 mit P_4 (bzw. P_1 mit P_4 und P_2 mit P_3) vertauscht, d. h.

$$(P_1 P_2 P_3 P_4) = (P_3 P_4 P_1 P_2) = (P_4 P_3 P_2 P_1) = \delta \, .$$

c) Nach der gleichen Methode erhält man: Das Doppelverhältnis δ geht in seinen reziproken Wert $1/\delta$ über, wenn man entweder die Punkte P_1 und P_2 oder P_3 und P_4 miteinander vertauscht, also

$$(P_2 P_1 P_3 P_4) = (P_1 P_2 P_4 P_3) = \frac{1}{(P_1 P_2 P_3 P_4)} \, .$$

d) Das Doppelverhältnis wird genau dann negativ, wenn genau einer der Punkte P_1 und P_2 zwischen den Punkten P_3 und P_4 liegt. In einem solchen Fall sagt man: „Die Punktepaare (P_1, P_2) und (P_3, P_4) trennen sich." Trennen sich die Punktepaare (P_1, P_2) und (P_3, P_4) nicht, gilt $(P_1 P_2 P_3 P_4) = \delta > 0$.

Aus (1.7) ist ebenfalls abzuleiten

Satz 1.8 Zu drei verschiedenen Punkten einer Geraden g und einem reellen Zahlenwert δ ($\delta \neq 0 \wedge \delta \neq 1$) gibt es auf g genau einen vierten Punkt, der mit den drei anderen Punkten in gegebener Reihenfolge das Doppelverhältnis δ bildet.

B e w e i s. Setzt man in (1.7) die (x- bzw. y-) Koordinaten der drei gegebenen Punkte
und δ ein, so erhält man für die vierte Koordinate u stets eine lineare Bestimmungsgleichung von der Form

$$a \cdot u = b, \qquad \text{wobei stets } a \neq 0. \tag{1.8}$$

So ergibt sich z. B. für x_1 (für x_2, x_3 und x_4 müssen die Indizes geeignet vertauscht
werden)

$$[x_2 - x_4 + \delta\,(x_3 - x_2)] \cdot x_1 = x_3\,(x_2 - x_4) + \delta\,x_4\,(x_3 - x_2);$$

aus $x_2 - x_4 + \delta\,(x_3 - x_2) = 0$ würde folgen

$$\delta = \frac{x_4 - x_2}{x_3 - x_2}$$

und mit (1.7)

$$\frac{x_3 - x_1}{x_4 - x_1} = 1, \qquad \text{also } x_3 = x_4 .$$

Eine Bestimmungsgleichung von der Form (1.8) hat aber bekanntlich stets genau eine
Lösung, wodurch der vierte Punkt auf g eindeutig bestimmt ist.

Satz 1.9 Das Doppelverhältnis δ von vier verschiedenen Punkten einer Geraden bleibt
bei der Abbildung S_p^* unverändert:

$$(P_1 P_2 P_3 P_4) = (P_1' P_2' P_3' P_4') \qquad \text{mit } P_i' = S_p^*\,(P_i), \qquad i \in \{1, 2, 3, 4\}.$$

B e w e i s. Gilt für die Koordinaten der vier Originalpunkte (1.7), so ergibt sich nach
(1.2) für das Doppelverhältnis der Bildpunkte $P_i'\,(x_i', y_i')$

$$(P_1' P_2' P_3' P_4') = \frac{x_3' - x_1'}{x_3' - x_2'} \cdot \frac{x_4' - x_2'}{x_4' - x_1'}$$

$$= \frac{\dfrac{ux_3 - 2}{2\,x_3 - u} - \dfrac{ux_1 - 2}{2\,x_1 - u}}{\dfrac{ux_3 - 2}{2\,x_3 - u} - \dfrac{ux_2 - 2}{2\,x_2 - u}} \cdot \frac{\dfrac{ux_4 - 2}{2\,x_4 - u} - \dfrac{ux_2 - 2}{2\,x_2 - u}}{\dfrac{ux_4 - 2}{2\,x_4 - 2} - \dfrac{ux_1 - 2}{2\,x_1 - u}}$$

Rechnet man in diesem Produkt zweier Brüche Zähler und Nenner jedes Bruches für
sich aus, so erhält man

$$\frac{\dfrac{(u^2 - 4)\,(x_1 - x_3)}{(2\,x_3 - u)\,(2\,x_1 - u)}}{\dfrac{(u^2 - 4)\,(x_2 - x_3)}{(2\,x_3 - u)\,(2\,x_2 - u)}} \cdot \frac{\dfrac{(u^2 - 4)\,(x_2 - x_4)}{(2\,x_4 - u)\,(2\,x_2 - u)}}{\dfrac{(u^2 - 4)\,(x_1 - x_4)}{(2\,x_4 - u)\,(2\,x_1 - u)}}$$

$$= \frac{(x_1 - x_3) \cdot (x_2 - x_4)}{(x_2 - x_3) \cdot (x_1 - x_4)} = \frac{x_3 - x_1}{x_3 - x_2} \cdot \frac{x_4 - x_2}{x_4 - x_1} = \delta .$$

Entsprechend ergibt sich für die y-Koordinaten derselbe Wert δ.

B 1.3 Geometrische Konstruktion von Bildpunkten

Die in Abschn. 1.1 gewonnenen Sätze ermöglichen es nun, den Bildpunkt $Q' = S_p^*(Q)$ durch Konstruktion – ohne Bezugnahme auf das Koordinatensystem – zu ermitteln, wenn außer dem Einheitskreis nur Pol und Polare vorgegeben sind.

1.3.1 Punkte auf dem Rande K_0 des Einheitskreises

Seien U und V die Schnittpunkte der Polaren p mit K_0 und $Q \in K_0$. Für Q = U und Q = V entfällt eine Konstruktion, da (wegen U, V $\in$ p) es sich dann nach Satz 1.4 um Fixpunkte handelt. Wir setzen also Q $\neq$ U und Q $\neq$ V voraus.

Nach Satz 1.3 muß Q' auf K_0 liegen, nach Satz 1.5 auf der Geraden ℓ = (QP). Daraus folgt $Q' \in K_0 \cap \ell$. Nach Voraussetzung schneidet ℓ den Kreis K_0 außer in Q noch in einem weiteren Punkt. Da nach Satz 1.4 Q nicht Fixpunkt ist, kann Q' nicht mit Q identisch sein. Also ist Q' der zweite Schnittpunkt von (QP) mit K_0 (Fig. 1.5).

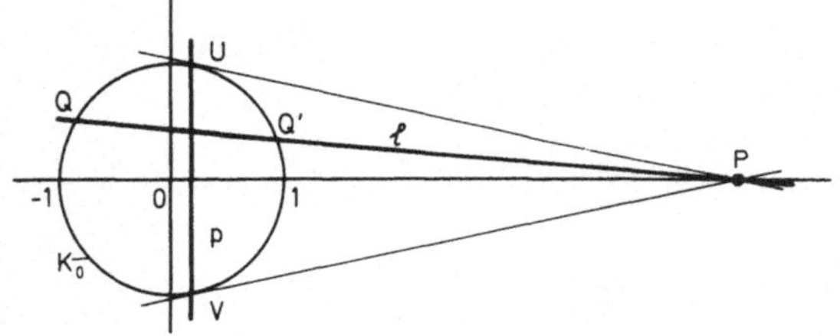

Fig. 1.5

1.3.2 Punkte im Inneren K_i des Einheitskreises

Für Q $\in$ p gilt Q' = Q nach Satz 1.4. Sei $Q \in K_i \setminus p$, und seien U und V wieder die Schnittpunkte von p mit K_0; dann schneidet die Gerade k = (UQ) den Kreis K_0 außer in U noch in einem zweiten Punkt R. Nach Satz 1.2 geht k wieder in eine Gerade k' über. k' ist festgelegt durch U = U' (Fixpunkt) und R', wobei R' nach Abschn. 1.3.1 als zweiter Schnittpunkt der Geraden (RP) mit K_0 festgelegt ist. Nach Satz 1.2 liegt Q' auf k' = (UR'), nach Satz 1.5 auf ℓ = (QP); also ist Q' der Schnittpunkt von k' mit ℓ, der nach Satz 1.3 wieder im Inneren des Einheitskreises liegt (Fig. 1.6).

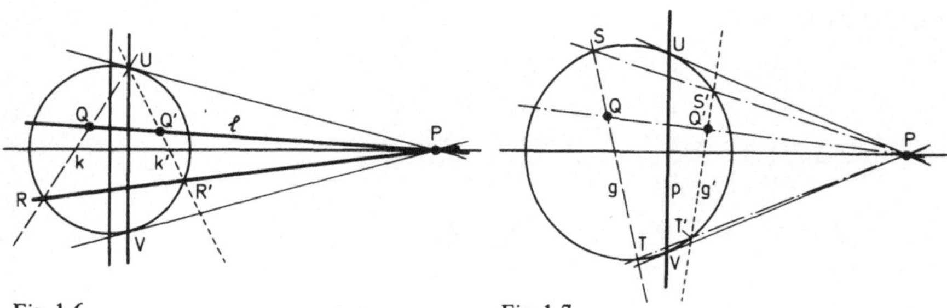

Fig. 1.6   Fig. 1.7

Z u s a t z. An Stelle der Geraden k läßt sich zur Konstruktion von Q' auch jede beliebige B
andere Gerade g, die durch Q verläuft, heranziehen: Seien S und T die Schnittpunkte von
g mit K_0 (Fig. 1.7); dann muß Q' nach Satz 1.2 auf der Geraden (S'T') liegen, wobei S'
und T' nach Abschn. 1.3.1 zu konstruieren sind. Nach Satz 1.5 liegt Q' auch auf (QP),
also Q' $\in$ (S'T') $\cap$ (QP). Da S_p^* nach Satz 1.1 eine Bijektion ist, erhält man bei beliebiger
Wahl von g (durch Q) stets denselben Bildpunkt.

Der Leser überlege selbst (vgl. Aufgabe 1.3), wie die Konstruktion des Bildpunktes Q'
vorzunehmen ist, wenn Q außerhalb des Einheitskreises liegt.

1.4 Die allgemeine Polarenspiegelung des Einheitskreises

Die im vorhergehenden Abschnitt dargestellte geometrische Konstruktion des Bildes Q'
eines Punktes Q nimmt, wie schon erwähnt, keinen Bezug mehr zu dem kartesischen
Koordinatensystem, auf das wir uns zur Ableitung der Eigenschaften der speziellen
Polarenspiegelung S_p^* in Abschn. 1 gestützt haben. Die Sätze 1.1 bis 1.9 bleiben auch
dann gültig, wenn die den Kreis K_0 schneidende Polare p nicht mehr parallel zur y-Achse
verläuft. Um das einzusehen, genügt die Vorstellung, daß bei einer anderen Lage der
Polaren eine gewöhnliche Drehung um den Koordinatenursprung, dem Zentrum des
Einheitskreises, ausreicht, um diese spezielle Lage wieder zu erhalten. Da diese Drehung
bekanntlich eine Kongruenzabbildung ist, bei der der Einheitskreis Fixgebilde ist, bleibt
die Gültigkeit der Sätze 1.1 bis 1.9 dabei erhalten.

Unser Ziel, die Abbildung S_p^* so zu verallgemeinern, daß a l l e den Einheitskreis K_0
schneidenden Geraden als Fixpunktgeraden zugelassen werden, ist jedoch noch nicht
ganz erreicht. Es muß bisher noch ausgeschlossen werden, daß die Gerade p durch das
Zentrum von K_0 verläuft, weil sonst der zugehörige Pol – definiert als Schnittpunkt
der in U und V angelegten Kreistangenten – nicht existiert.

Für diesen Fall werden wir eine Festsetzung treffen, die durch die folgende „dynamische
Betrachtungsweise" nahegelegt wird. Dazu kehren wir noch einmal zur speziellen Lage
der Polaren p in Abschn. 1.1 zurück.

Hat a einen Wert, der „nahe bei" +1 liegt, so liegt der Pol P, da seine x-Koordinate 1/a
ist, ebenfalls „in der Nähe" von 1. Denken wir uns nun p in Richtung auf den Ursprung
hin parallelverschoben, so entfernt sich P weiter nach rechts. Man sagt deshalb: Pol und
Polare bewegen sich gegenläufig. Für einen positiven a-Wert „in der Nähe von" 0 (z. B.
$a = 10^{-3}$) liegt P „sehr weit" auf der positiven x-Achse; die beiden Tangenten in U und
V laufen „fast parallel" zueinander. Für a = 0 stehen die beiden Kreistangenten in U
und V senkrecht auf p; sie haben keinen Schnittpunkt. Man sagt bisweilen auch, der Pol
dieser Sekante sei der u n e i g e n t l i c h e P u n k t der x-Achse.

Für –1 < a < 0 liegt der zugehörige Pol wieder auf der negativen x-Achse, und er rückt
um so näher – jetzt von links kommend – auf den Einheitskreis zu, je weiter sich a dem
Wert –1 nähert.

Ganz analog liegen die Verhältnisse, wenn p aus der speziellen Lage wieder herausgedreht
wird; die Rolle der x-Achse wird dann von dem vom Zentrum O des Einheitskreises auf
p gefällten Lot übernommen.

B Wir setzen daher fest, daß wir auch für den Fall, daß die Sekante p durch das Kreiszentrum O verläuft, eine Polarenspiegelung vornehmen können, indem wir dann die gewöhnliche — aus der Schulgeometrie her bekannte — Spiegelung an der Geraden p ausführen.

Definition 1.5 Sei p eine beliebige, den Einheitskreis K_0 schneidende Gerade; dann verstehen wir unter der (allgemeinen) P o l a r e n s p i e g e l u n g S_p jene Abbildung, die sich — nach eventueller Drehung des Koordinatensystems um O — durch folgende Vorschrift festlegen läßt:

$$S_p: Q \to Q' \quad \begin{cases} \text{für } 0 \in p: & Q' \text{ ist gewöhnlicher Spiegelpunkt an p,} \\ \text{für } 0 \notin p: & Q' = S_p^*(Q). \end{cases}$$

S_p hat mit der gewöhnlichen Spiegelung an der Geraden p einige wesentliche Eigenschaften g e m e i n s a m: Beide Abbildungen sind bijektiv, geradentreu und involutorisch. Sie besitzen beide eine Fixpunktgerade und eine ganze Schar von Fixgeraden.

Hingegen u n t e r s c h e i d e t sich S_p für $p \notin 0$ von der Geradenspiegelung auch recht deutlich: Ihre Definitionsgebiete sind verschieden, da S_p nur auf $E \setminus z$ erklärt ist. Die Fixgeraden bei der gewöhnlichen Spiegelung sind alle (bis auf die Achse selbst) orthogonal (senkrecht) zur Spiegelachse, also untereinander parallel, während die Fixgeraden von S_p diese Eigenschaft nicht haben, da sie alle durch den Pol P von p verlaufen. Und schließlich ist die gewöhnliche Spiegelung — im Gegensatz zu S_p — eine Kongruenzabbildung.

Aufgaben

1.1 a) Man gebe für a = 2/5 die Transformationsgleichungen für die spezielle Polarenspiegelung S_p^* sowie die Gleichung der „Ausnahmegeraden" z an.
b) Durch Zeichnung und Rechnung ist das Bild des Quadrates $\square\, Q_1 Q_2 Q_3 Q_4$ mit $Q_1\,(0; 0)$, $Q_2\,(2/5; 4/5)$, $Q_3\,(-2/5; 6/5)$, $Q_4\,(-4/5; 2/5)$ bezüglich der Polarenspiegelung S_p^* aus a) zu ermitteln. (Empfehlung: Für die Zeichnung wähle man als Einheit 5 cm.)

1.2 Seien g und h zwei (verschiedene) Geraden, für die g ∥ h und h ∦ p gilt; dann schneiden sich nach der Abbildung S_p^* die Bilder g' und h' auf der Geraden z: x = u/2. Man führe den Nachweis durch Rechnung.

1.3 a) Ein Punkt Q liege außerhalb des Einheitskreises K_0. Man gebe eine Konstruktionsvorschrift zur Ermittlung des Bildpunktes $Q' = S_p^*(Q)$ an.
b) Man zeige durch Rechnung, daß die Bilder $g_1' = S_p^*(g_1)$ und $g_2' = S_p^*(g_2)$ zweier Geraden g_1 und g_2, die sich auf der Geraden z: x = u/2 schneiden, zueinander parallel sind. (Welche Einschränkung ergibt sich daraus für die unter a) gefundene Konstruktion des Bildpunktes Q' von Q?)

1.4 Auf der Geraden mit der Gleichung y = (1/2) x + 2 liegen vier Punkte P_1, P_2, P_3 und P_4 mit den x-Koordinaten $x_1 = 2$; $x_2 = 8$; $x_3 = 10$ und $x_4 = 18$. Man bestimme die zugehörigen y-Koordinaten und berechne

a) das Doppelverhältnis $\delta = (P_1 P_2 P_3 P_4)$,

B

b) alle Werte jener Doppelverhältnisse, die sich durch Änderung der Reihenfolge der gegebenen Punkte ergeben;

c) man stelle alle unter b) gefundenen Ergebnisse als Funktion von δ dar.

1.5 Die Gerade durch die Punkte P_1 $(-1; 0)$ und P_3 $(0; 1/2)$ schneidet den Einheitskreis in einem weiteren Punkt P_4. Man bestimme auf der gegebenen Geraden den vierten Punkt P_2 so, daß gilt:

a) $\delta = (P_1 P_2 P_3 P_4) = 2,5$ b) $\delta = (P_1 P_2 P_3 P_4) = -\dfrac{7}{8}$.

1.6 Man zeige allgemein, daß die Ausnahmegerade z der allgemeinen Polarenspiegelung S_p (Definition 1.5) stets außerhalb des Einheitskreises K_0 verläuft, wenn die Gerade p den Einheitskreis schneidet. (Anleitung: Man bestimme das Minimum von f (a) =

$a + \dfrac{1}{a}$) .

2 Das Kleinsche Modell

2.1 Einführung

A

Um die geometrischen Probleme, die wir im folgenden untersuchen werden, anschaulicher zu erfassen, wollen wir uns vorstellen, daß es zweidimensionale intelligente Lebewesen – etwa „sehr platte Wanzen" – gäbe, deren „Welt" das Innere des Einheitskreises sei. Der Rand des Einheitskreises selbst, also der „Horizont", sei für diese Wesen unerreichbar; an ihm begänne „die Unendlichkeit". Dahinter läge die „Überunendlichkeit", ein Raum für Metaphysik und transzendentale Spekulationen. Diese Wanzen hätten also einen beschränkten „Bierdeckel-Horizont". Trotzdem könnten sie – z. B. durch Peilung – durchaus feststellen, ob drei verschiedene Punkte in ihrer Welt auf einer Geraden liegen, also kollinear sind, oder nicht. Die Spiegel, die diese Wesen benutzen, unterscheiden sich in ihrer Reflexionseigenschaft von unseren Spiegeln dadurch, daß sie statt der gewöhnlichen Spiegelung die in Kapitel 1 beschriebene Polarenspiegelung S_p vermitteln; wir nennen sie daher „Polarenspiegel". Konsequenterweise werden in dieser Welt eine Figur und ihr Polarenspiegelbild als zueinander (gegensinnig) „kongruent" bezeichnet.

Die Kernfrage, der wir in den folgenden Abschnitten nachgehen werden, lautet:

„Was für eine Geometrie haben die Schulkinder dieser Bierdeckelwanzen zu lernen?"

Dadurch, daß wir uns für die Geometrie der Schulkinder – und nicht der Mathematikstudenten! – in dieser Modellwelt interessieren, soll ausgedrückt sein, daß wir uns auf die Anfangsgründe der „Elementargeometrie" beschränken und die „höhere Geometrie" (wie z. B. Trigonometrie, die Lehre von den Kegelschnitten, Analytische und Differen-

A tialgeometrie etc.) nicht betrachten. Es wird sich jedoch zeigen, daß auch diese relativ bescheidene Aufgabenstellung es erforderlich macht, daß wir uns über die Grundlagen unserer eigenen Schulgeometrie, d. h. über die Axiome der euklidischen Geometrie, Klarheit verschaffen. Zuvor sei jedoch auf zwei, für das Verständnis wesentliche, Aspekte hingewiesen.

1. Für unsere Modellvorstellung ist es n i c h t charakteristisch, daß die hypothetischen Lebewesen „platt" – d. h. nur im Zweidimensionalen lebend – sind. Diese Annahme, unter der sich z. B. auch der Vorgang einer physikalischen Spiegelung nur schwer vorstellen läßt, soll nur die von uns vorgenommene Beschränkung auf die Geometrie der E b e n e verdeutlichen. (Dieses „Kleinsche Modell" – es ist benannt nach dem deutschen Mathematiker Felix K l e i n (1849–1925), der es in allgemeinerer Form für wesentlich tiefergehende Untersuchungen konzipierte (vgl. [20]) – läßt sich auch ins Dreidimensionale erweitern (vgl. z. B. [26]).)
2. Für unsere nachfolgenden Betrachtungen nehmen wir einen Standpunkt ein, der für die Modellwesen – wenn wir ihr Weltbild z. B. mit dem der frühen Griechen mit der Erde als flache Kreisscheibe in Analogie setzen – als „göttergleich" zu umschreiben wäre: U n s ist natürlich sowohl der „Rand des Universums" (Peripherie des Einheitskreises) wie auch das „Überunendliche" (das Kreisäußere) zugänglich. W i r können Konstruktionen in der gesamten euklidischen Ebene, in die diese Modellwelt eingebettet ist, vornehmen. Die Frage, auf welche Weise in der Modellwelt selbst – also bei Beschränkung auf das Kreisinnere – diese Konstruktionen von den Bierdeckelwanzen realisiert werden könnten, wird nicht ausdrücklich erörtert werden. Sie mag dem Leser selbst als Anregung zu kreativer Eigentätigkeit dienen.

Der bei diesem Vorgehen nicht zu umgehende Bezugswechsel – wir konstruieren in der euklidischen Ebene, interpretieren jedoch für die Modellbewohner – könnte Unklarheiten verursachen. So ist nach dem Ausgeführten z. B. der Begriff „Gerade" etwas anderes für uns als für die „Wanzen". Das macht eine besondere Kennzeichnung der geometrischen Gebilde, wenn sie im Sinne der Modellwesen aufgefaßt werden sollen, nötig.

B ## 2.2 Grundgebilde und Grundrelationen im Kleinschen Modell

Die Grundgebilde (wie z. B. „Punkte", „Geraden", „Winkel" etc.) unserer Modellwelt definieren wir durch Grundgebilde der euklidischen Geometrie und heben sie in der Bezeichnung von diesen dadurch ab, daß wir sie als h-Gebilde[1] (also h-Punkte, h-Geraden, h-Winkel etc.) kennzeichnen.

Definition 2.1 a) h - P u n k t. Ein Punkt der euklidischen Ebene heißt h-Punkt genau dann, wenn er im Inneren des Einheitskreises liegt.
b) h - E b e n e. Die Menge aller h-Punkte heißt h-Ebene.

---

[1] „h-" nach „heteroptera" (wissensch. Bezeichnung der Wanzen; vgl. z. B. Brehms Tierleben, 2. Bd. Leipzig 1915)

c) **R a n d p u n k t.** Jeder Punkt auf dem Einheitskreis selbst wird Randpunkt genannt. **B**
(Ein Randpunkt ist also nie ein h-Punkt und umgekehrt.)
d) **h - G e r a d e.** Unter einer h-Geraden verstehen wir eine Sehne des Einheitskreises
o h n e die beiden zugehörigen Randpunkte.
e) **I n z i d e n z.** Ein h-Punkt liegt auf einer h-Geraden (in Zeichen $P \in g$), oder auch
„die h-Gerade g verläuft durch den h-Punkt P", wenn im Inneren des Einheitskreises
dieses auch euklidisch gesehen der Fall ist. Auch eine h-Gerade ist also durch zwei verschiedene h-Punkte eindeutig bestimmt. (Da es sich hierbei lediglich um eine Restriktion
der üblichen Inzidenzrelation handelt, verzichten wir auf eine besondere Kennzeichnung.)
f) **Z w i s c h e n r e l a t i o n.** Von drei verschiedenen h-Punkten einer h-Geraden liegt
genau jener zwischen den beiden anderen, der dies auch euklidisch tut. (Wie bei der Inzidenz wird auf eine besondere Kennzeichnung verzichtet.)
Sind P, Q, R drei h-Punkte einer h-Geraden, dann liegen Q und R „auf der gleichen
Seite von P", wenn P nicht zwischen Q und R liegt, Q und R liegen auf „verschiedenen
Seiten von P", wenn P zwischen Q und R liegt (vgl. Fig. 2.1).

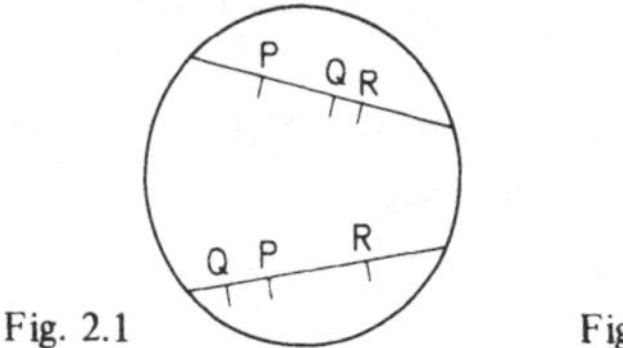

Fig. 2.1   Fig. 2.2

g) **h - H a l b g e r a d e.** Die Teilmenge g der h-Punkte einer h-Geraden g, die auf derselben Seite eines Punktes $P \in g$ liegen, bezeichnen wir als die „von P ausgehende
h-Halbgerade g". P gehört nicht zu ihr. (Fig. 2.2)
h) **h - S t r e c k e.** Unter der abgeschlossenen h-Strecke $\overline{PQ}$ verstehen wir die Menge
jener h-Punkte der durch P und Q festgelegten h-Geraden, die zwischen P und Q liegen,
sowie die h-Punkte P und Q selbst, unter der offenen h-Strecke PQ die Strecke $\overline{PQ}$ ohne
die h-Punkte P und Q, also: $PQ = \overline{PQ} \setminus \{P, Q\}$.
i) **h - D r e i e c k.** Drei nichtkollineare h-Punkte A, B und C bestimmen ein h-Dreieck.
Die h-Strecken $\overline{AB}$, $\overline{BC}$ und $\overline{CA}$ heißen Seiten des h-Dreiecks.
j) **h - H a l b e b e n e.** Jede h-Gerade zerlegt die h-Ebene in zwei disjunkte Teilmengen,
die h-Halbebenen heißen. Die h-Gerade selbst gehört zu keiner der beiden h-Halbebenen.
(Euklidisch gesehen sind die h-Halbebenen einer h-Geraden g jene Kreisabschnitte, in die
die Sehne g das Innere des Einheitskreises zerlegt.)
k) **h - W i n k e l.** Jedes Paar von einem Punkt S ausgehender verschiedener h-Halbgeraden
$\underline{k}$ und $\underline{\ell}$ heißt (ohne Rücksicht auf ihre Reihenfolge) h-Winkel; die beiden h-Halbgeraden
$\underline{k}$ und $\underline{\ell}$ heißen Schenkel, der h-Punkt S heißt Scheitel des h-Winkels $\sphericalangle (\underline{k}, \underline{\ell})$ (Fig. 2.2).
Die Begriffe „gestreckter Winkel", „Scheitelwinkel" und „Nebenwinkel" sind genauso
wie im Euklidischen zu interpretieren.
l) **h - K o n g r u e n z.** Zwei Teilmengen der h-Ebene **A** und **B** heißen genau dann h-kongruent (in Zeichen $\mathbf{A} \equiv_h \mathbf{B}$), wenn sie sich durch eine endliche Folge (Kette) von Polarenspiegelungen aufeinander abbilden lassen.

A 2.3 h-Orthogonalität und Grundkonstruktionen

Nach der soeben definierten h-Kongruenz sind zwei Teilmengen der h-Ebene auch speziell dann kongruent, wenn sie sich durch eine einzige Polarenspiegelung aufeinander abbilden lassen. Wir stellen uns daher die Aufgabe, mit Hilfe einer Polarenspiegelung einige Grundkonstruktionen in unserem Modell auszuführen.

Um gewisse Spezialfälle nicht stets gesondert behandeln zu müssen, treffen wir dabei folgende Verabredung: Wenn von einer „Verbindungsgeraden eines Punktes Q mit dem Pol P einer Sekante p des Einheitskreises" gesprochen wird, dann soll diese Redeweise auch dann sinnvoll bleiben, wenn p durch den Mittelpunkt des Kreises verläuft und somit gar kein Pol vorhanden ist. Für diesen Spezialfall soll unter der „Verbindungsgeraden (PQ)" dann jene Gerade durch Q gemeint sein, die (euklidisch) senkrecht zu p verläuft.

Von dieser Verabredung machen wir schon im folgenden Abschnitt Gebrauch.

2.3.1 Grundaufgabe: h-Verdoppelung eines h-Winkels

Gegeben sei ein (nicht gestreckter) h-Winkel $\sphericalangle\,(\underline{k}, \underline{\ell})$ (s. Fig. 2.3). Vom Scheitel aus soll eine h-Halbgerade $\underline{\ell}' \neq \underline{\ell}$ so angetragen werden, daß gilt:

$$\sphericalangle\,(\underline{\ell}', \underline{k}) \equiv_h \sphericalangle\,(\underline{k}, \underline{\ell}).$$

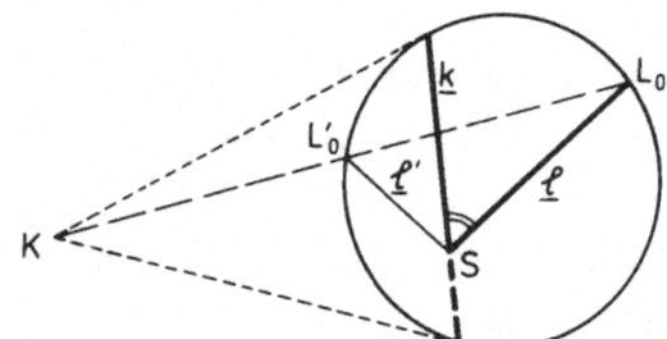

Fig. 2.3

Ist K der Pol von k bezüglich des Randkreises und L_0 der durch $\underline{\ell}$ festgelegte Randpunkt, so ist (nach Abschn. 1.3.1) der zweite Schnittpunkt L_0' der Verbindungsgeraden $(L_0 K)$ mit dem Randkreis der Bildpunkt von L_0 bei der an k vorgenommenen Polarenspiegelung S_k. Da S Fixpunkt bezüglich S_k ist (er liegt auf der Achse der Polarenspiegelung), wird wegen der Geradentreue von S_k die h-Halbgerade $\underline{\ell}$ auf die durch L_0' und S festgelegte h-Halbgerade $\underline{\ell}'$ abgebildet, während $\underline{k}$ punktweise fix bleibt.

Nach Definition der h-Kongruenz wird also der h-Winkel $\sphericalangle\,(\underline{\ell}', \underline{\ell})$ durch $\underline{k}$ in zwei h-kongruente h-Winkel $\sphericalangle\,(\underline{\ell}', \underline{k})$ und $\sphericalangle\,(\underline{k}, \underline{\ell})$ zerlegt. Wir sagen, er sei durch h-Verdoppelung aus $\sphericalangle\,(\underline{k}, \underline{\ell})$ entstanden.

(Natürlich läßt sich der h-Winkel $\sphericalangle\,(\underline{k}, \underline{\ell})$ auch durch die Polarenspiegelung an der zu $\underline{\ell}$ gehörenden Sekante h-verdoppeln.) Der Leser überlege sich, weshalb bei jenen Spezialfällen, die wir nach obiger Verabredung miterfaßt haben, bei denen also die Achse der Polarenspiegelung durch den Mittelpunkt O des Randkreises verläuft, die h-Verdoppelung des h-Winkels auch eine euklidische Verdopplung bewirkt.

2.3.2 h-Orthogonalität

A

Bei der Konstruktion zur h-Verdoppelung eines h-Winkels kann es geschehen, daß die Verbindungsgerade des Randpunktes L_0 mit dem Pol K von k durch den Scheitel S des Winkels verläuft. Dann sind die Punkte L_0, S und L_0' kollinear. (Man kann sich die Entstehung dieses Sonderfalles „dynamisch" dadurch veranschaulichen, daß man sich bei festem Schenkel $\underline{k}$ den anderen Schenkel $\underline{\ell}$ um den Scheitel S gedreht denkt und dabei die Bewegung der zugeordneten Randpunkte L_0 und L_0' betrachtet (vgl. Fig. 2.4).

In diesem Falle entsteht durch h-Verdoppelung des h-Winkels $\measuredangle\,(\underline{k},\,\underline{\ell}\,)$ der gestreckte h-Winkel $\measuredangle\,(\underline{\ell}',\,\underline{\ell}\,)$; d. h., die h-kongruenten h-Winkel $\measuredangle\,(\underline{\ell}',\,\underline{k})$ und $\measuredangle\,(\underline{k},\,\underline{\ell}\,)$ sind N e b e n w i n k e l !

Da man in der euklidischen Geometrie von den Schenkeln eines Winkels, der zu seinem Nebenwinkel kongruent ist, sagt, daß sie einen „rechten Winkel" bilden, also orthogonal (senkrecht) zueinander sind, wollen wir auch in diesem Fall $\underline{\ell}$ und $\underline{k}$ als „orthogonal" bezeichnen. Wie schon an Fig. 2.4 erkennbar ist, kann diese „Orthogonalität" von dem, was wir unter einem „rechten Winkel" uns vorzustellen gewohnt sind, erheblich abweichen. Wir sprechen daher von „h-Orthogonalität" und führen als Symbol das Zeichen $\perp_h$ ein im Gegensatz zum Zeichen für die euklidische Orthogonalität $\perp_e$.

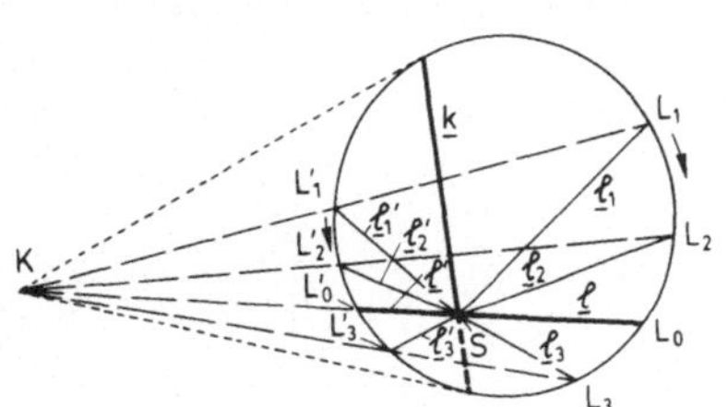

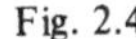

Fig. 2.4   Fig. 2.5

Definition 2.2 Die h-Gerade ℓ ist zur h-Geraden k h-orthogonal (in Zeichen: $\ell \perp_h k$) genau dann, wenn die durch ℓ festgelegte euklidische Gerade durch den Pol K der h-Geraden k geht. (Ist k Durchmesser des Randkreises, gilt entsprechend der Verabredung $\ell \perp_e k$.)

Daß diese vielleicht ungewöhnlich anmutende h-Orthogonalität von unseren hypothetischen Modellbewohnern aber als völlig „natürlich" anzusehen ist, läßt sich auch abbildungsgeometrisch begründen.

In der euklidischen Geometrie kann von Schülern der rechte Winkel dadurch experimentell erfaßt werden, daß ein (senkrecht auf dem Zeichenblatt stehender) Spiegel (vgl. [30]) so lange gedreht wird, bis der Teil einer gezeichneten Geraden „ohne Knick" in sein Spiegelbild übergeht (vgl. in Fig. 2.5 die Geraden n und ℓ!). Wir sagen, daß die untere Spiegelkante dann auf der gezeichneten Geraden ℓ senkrecht steht, wenn die Gerade ℓ mit ihrem Spiegelbild zusammenfällt, also Fixgerade bezüglich der Spiegelung an k ist, ohne Fixpunktgerade zu sein. Da wir in unserer Modellwelt den Polarenspiegel als Hilfsmittel vorausgesetzt haben, erweisen sich aber bei Spiegelung an ihm genau jene

A (von k verschiedenen) Geraden als Fixgeraden, die (vgl. Satz 1.5) durch den Pol der „Polarenspiegelkante" verlaufen. Genau diese gehen „ohne Knick" in ihr Polarenspiegelbild über.

Diese „physikalische" Veranschaulichung wirft die Frage nach der Vertauschbarkeit von ℓ und k auf, d. h., ob die Relation der h-Orthogonalität symmetrisch ist.

Stellen wir nämlich im Euklidischen, nachdem die Spiegelkante k mit einem Bleistiftstrich fixiert wurde, den Spiegel auf die Gerade ℓ, so erweist sich die soeben gezeichnete Gerade k als Fixgerade bezüglich der Spiegelung an ℓ, d. h., im Euklidischen folgt aus $\ell \perp_e k$ stets $k \perp_e \ell$. Daß auch die h-Orthogonalität zwischen h-Geraden diese Eigenschaft der Symmetrie besitzt, besagt

Satz 2.1 Ist K der Pol einer Sekante k des Randkreises, so liegt der Pol L einer beliebig durch K verlaufenden zweiten Sekante ℓ stets auf k.

B e w e i s. 1. F a l l: $\ell \perp_e k$ gilt genau dann, wenn für den Mittelpunkt O des Randkreises $O \in \ell \lor O \in k$ gilt. Nach der getroffenen Verabredung ist für diesen Fall der Satz 2.1 richtig.

2. F a l l: Es gelte n i c h t $\ell \perp_e k$; d. h. $O \notin \ell \land O \notin k$.
Die Lotgerade (OL_1) von O auf ℓ kann dann nicht parallel zu k sein. Sei L der Schnittpunkt von (OL_1) mit k (vgl. Fig. 2.6). Das Dreieck $\triangle OL_1K$ ist bei L_1 rechtwinklig.

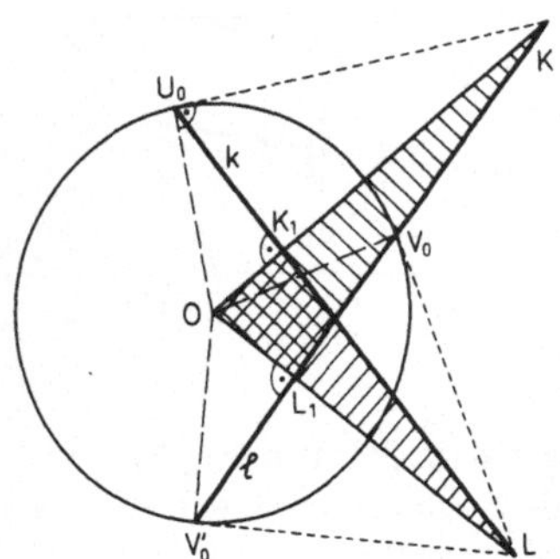

Fig. 2.6

Bezeichnet K_1 den Schnittpunkt der Verbindungsgeraden (OK) mit k (k ist Polare von K), so ist das Dreieck $\triangle OK_1L$ bei K_1 rechtwinklig. Da beide Dreiecke den Winkel $\sphericalangle K_1OL_1$ gemeinsam haben, stimmen sie in zwei Winkeln überein und sind somit ähnlich. Damit gilt für die Verhältnisse entsprechender Seiten

$$\frac{|\overline{OK}|}{|\overline{OL_1}|} = \frac{|\overline{OL}|}{|\overline{OK_1}|} \tag{2.1};$$

daraus folgt:

$$|\overline{OK}| \cdot |\overline{OK_1}| = |\overline{OL}| \cdot |\overline{OL_1}|. \tag{2.2}$$

Bezeichnen wir mit U_0 einen der beiden Schnittpunkte von k mit dem Randkreis, dann **A**
ist das Dreieck ΔOU_0K bei U_0 rechtwinklig. Nach dem Kathetensatz gilt

$$|\overline{OK}| \cdot |\overline{OK_1}| = |OU_0|^2 = 1; \tag{2.3}$$

aus (2.2) folgt daraus

$$|\overline{OL}| \cdot |\overline{OL_1}| = 1. \tag{2.4}$$

Bezeichnen wir mit V_0 und V_0' die Schnittpunkte von ℓ mit dem Kreis, so folgt aus (2.4),
daß die Dreiecke ΔOV_0L und $\Delta OV_0'L$ bei V_0 und V_0' rechtwinklig sind, und somit L Pol
von ℓ bezüglich des Randkreises ist.

Dieser „konstruktive" Beweis läßt sich mit der „Polarengleichung"

$$\ell: \quad x_\varrho x + y_\varrho y = 1 \tag{2.5}$$

für den Pol L $(x_\varrho; y_\varrho)$ unter Verzicht auf Anschaulichkeit in zwei Zeilen „erschlagen":
Gilt nämlich für K $(x_k; y_k)$: $K \in \ell$, so heißt das nach (2.5) $x_\varrho x_k + y_\varrho y_k = 1$. L erfüllt
also die Polarengleichung k: $x_k x + y_k y = 1$ identisch; d. h. $L \in k$.

Als Folgerung aus Satz 2.1 ergibt sich mit der Definition der h-Orthogonalität

Satz 2.2 Die h-Orthogonalität zwischen h-Geraden ist symmetrisch.

Wir können also − wie im Euklidischen − von zwei „zueinander h-orthogonalen"
h-Geraden ℓ und k sprechen, ohne dabei auf die Reihenfolge von ℓ und k achten zu
müssen.

2.3.3 Grundaufgabe: Durch einen h-Punkt die zu einer gegebenen h-Geraden g h-Orthogonale s ziehen

Sei P ein beliebiger h-Punkt und g eine h-Gerade; dann ist jene h-Gerade s, die durch
die Verbindungsgerade von P mit dem Pol G von g festgelegt ist, die h-Orthogonale s
zu g, die durch P verläuft. Da P und G stets verschiedene Punkte sind, hat diese Aufgabe
immer genau eine Lösung.

Im Sonderfall $O \in g$ gelte wieder unsere Verabredung zu Beginn von Abschn. 2.3. Dabei
ist es gleichgültig, ob P auf g liegt oder nicht (Fig. 2.7).

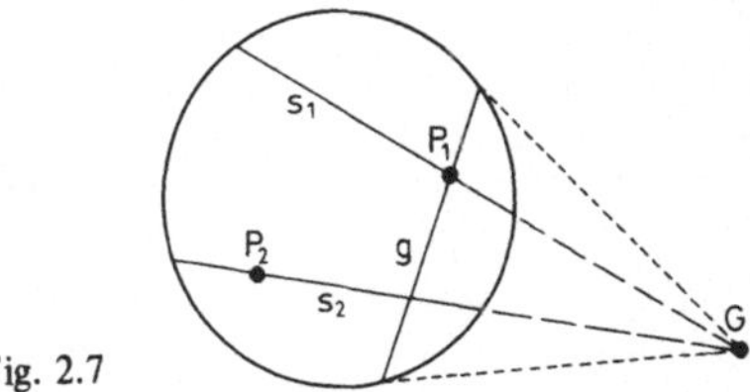

Fig. 2.7

Für die h-Orthogonalität läßt sich noch eine wichtige Aussage bezüglich der Polarenspiegelung gewinnen:

Satz 2.3 Werden zwei zueinander h-orthogonale h-Geraden ℓ und k durch eine Polarenspiegelung abgebildet, so sind auch ihre Bildgeraden ℓ' und k' zueinander h-orthogonal.

Wir sagen, die h-Orthogonalität ist **i n v a r i a n t** bezüglich der Polarenspiegelung.

B e w e i s. Nach den Sätzen 1.1 und 1.3 wird bei einer Polarenspiegelung die Peripherie des Einheitskreises bijektiv auf sich abgebildet. Darüber hinaus ist die Polarenspiegelung (Satz 1.2) geradentreu. Daraus folgt, daß bei einer Polarenspiegelung jede Tangente t des Einheitskreises mit Berührpunkt T_0 wieder auf eine Tangente t' mit Berührpunkt T_0' abgebildet wird. Geht also bei einer Polarenspiegelung die h-Gerade k in die h-Gerade k' über, so muß der Pol K von k (als Schnittpunkt der durch die beiden zugehörigen Randpunkte festgelegten Tangenten) auf den Pol K' der Bildgeraden k' abgebildet werden.

Seien nun ℓ und k zwei zueinander h-orthogonale h-Geraden; dann liegen nach Satz 2.1 der Pol K von k auf der durch ℓ festgelegten Sekante des Einheitskreises und entsprechend der Pol L von ℓ auf der durch k festgelegten Sekante. Wegen der Geradentreue müssen damit der Pol K' von k' auf der durch $\ell' = S_p(\ell)$ festgelegten Sekante und L', als Pol von ℓ', auf der durch $k' = S_p(k)$ festgelegten Sekante liegen. Also sind k' und ℓ' zueinander h-orthogonal.

2.3.4 Grundaufgabe: h-Halbierung eines h-Winkels

Gegeben sei ein beliebiger h-Winkel $\sphericalangle(\underline{\ell}, \underline{k})$; dann ist jene vom Scheitel S ausgehende h-Halbgerade $\underline{w}$, von der $\sphericalangle(\underline{\ell}, \underline{w}) \equiv_h \sphericalangle(\underline{w}, \underline{k})$ gilt, die h-Winkelhalbierende von $\sphericalangle(\underline{\ell}, \underline{k})$. Seien L_0 und K_0 die durch $\underline{\ell}$ und $\underline{k}$ festgelegten Randpunkte und Q der Pol der Sekante (L_0K_0), die die h-Gerade q enthält (Fig. 2.8). Die in der Verbindungsgeraden (SQ) enthaltene h-Gerade w ist dann nach Definition h-Orthogonale zu q. Nach Satz 2.1 liegt der Pol W von w auf (L_0K_0); d. h., (L_0K_0) ist Fixgerade bezüglich der Polarenspiegelung S_w. Nach Abschn. 1.3.1 werden bei dieser Polarenspiegelung an w die beiden Punkte L_0 und K_0 miteinander vertauscht: $S_w(L_0) = K_0$ und $S_w(K_0) = L_0$. Wegen $S \in w$ ist S Fixpunkt dieser Polarenspiegelung, und damit gilt $S_w(\underline{k}) = \underline{\ell}$ und $S_w(\underline{\ell}) = \underline{k}$. Wegen $S_w(\underline{w}) = \underline{w}$ gilt also $\sphericalangle(\underline{\ell}, \underline{w}) \equiv_h \sphericalangle(\underline{w}, \underline{k})$. Auch hier folgt aus der Konstruktion, daß die h-Winkelhalbierende $\underline{w}$ eines beliebigen h-Winkels eindeutig bestimmt ist.

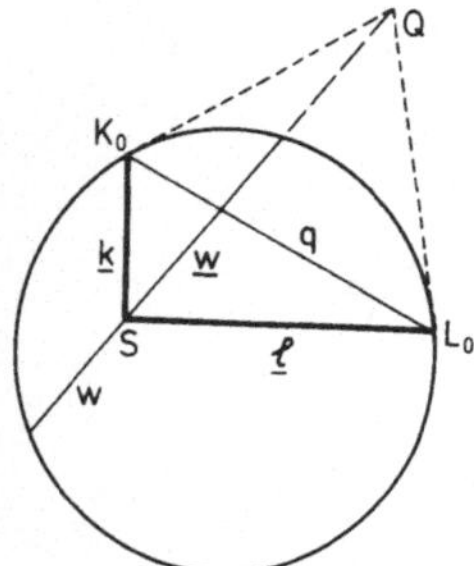

Fig. 2.8

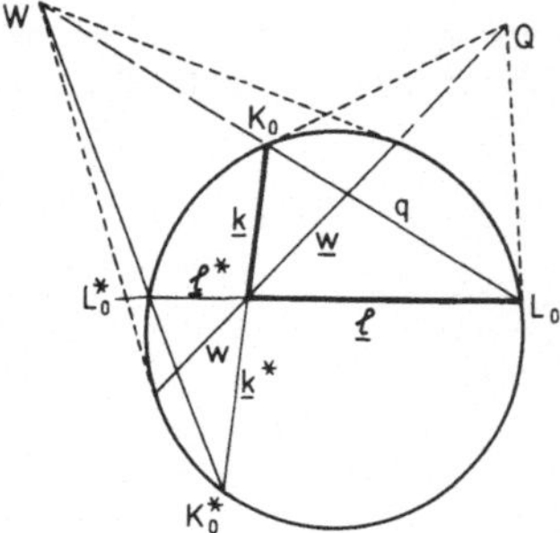

Fig. 2.9

F o l g e r u n g e n. Bezeichnen wir mit K_0^* und L_0^* die beiden anderen durch ℓ und k festgelegten Randpunkte (Fig. 2.9), so gilt wegen Satz 1.2 und der Automorphie des Randkreises (Satz 1.3) bezüglich S_w: $S_w(K_0^*) = L_0^*$ und $S_w(L_0^*) = K_0^*$; d. h., $(K_0^*L_0^*)$

ist ebenfalls Fixgerade bezüglich S_w. Daraus folgt, daß die Verbindungsgerade $(K_0^* L_\bullet^*)$ **A**
ebenfalls durch den Pol W von w geht, und somit durch w auch der Scheitelwinkel von
$\angle (\underline{\ell}, \underline{k})$ h-halbiert wird. Da überdies durch S_w der h-Winkel $\angle (\underline{k}, \underline{\ell}^*)$ auf den h-Winkel
$\angle (\underline{\ell}, \underline{k}^*)$ abgebildet wird, ist damit auch die h-Kongruenz von Scheitelwinkeln ge-
sichert.

2.3.5 Grundaufgabe: h-Verdoppelung einer h-Strecke

Sei $\overline{AB}$ eine beliebige h-Strecke und G der Pol der durch A und B festgelegten h-Geraden
g. Bezeichnen wir mit k die h-Orthogonale durch B zu g (vgl. Abschn. 2.3.3), dann gilt
nach Satz 2.1 für den Pol K von k: $K \in (AB)$. Bei der Polarenspiegelung S_k ist (AB)
Fixgerade, während die Gerade (GA) in eine andere, durch G (Fixpunkt bezüglich S_k!)
verlaufende Gerade abgebildet wird. Bezeichnet A_0 den einen Schnittpunkt von (GA)
mit dem Randkreis (Fig. 2.10), so ist auch (KA_0) Fixgerade bezüglich S_k. Nach
Abschn. 1.3.1 wird A_0 bei S_k auf den zweiten Schnittpunkt A_0' von (KA_0) mit dem
Randkreis abgebildet. Der Schnittpunkt der Verbindungsgeraden (GA_0') mit $\underline{g}$ legt
somit den Bildpunkt $A' = S_k (A)$ fest. Es gilt $\overline{AB} \equiv_h \overline{BA'}$, und die h-Strecke AB ist
über B hinaus h-verdoppelt.

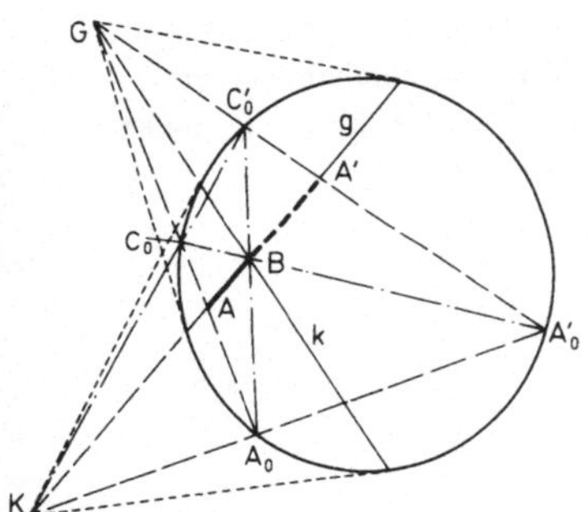

Fig. 2.10

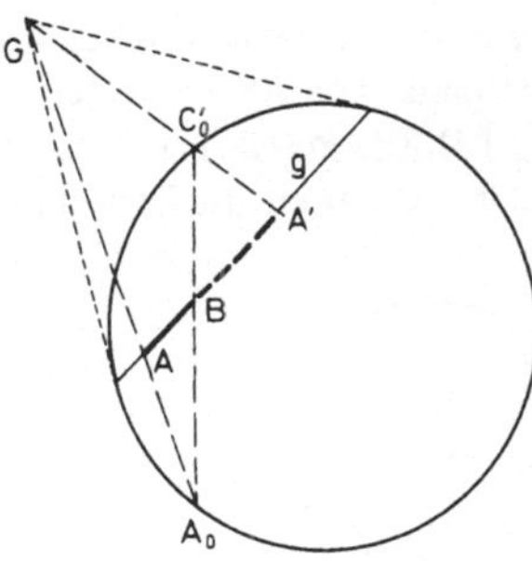

Fig. 2.11

Diese Konstruktion läßt sich jedoch durch eine kurze Überlegung wesentlich verein-
fachen.

Bezeichnen wir die anderen Schnittpunkte von (GA_0) und (GA_0') mit dem Randkreis
mit C_0 bzw. C_0', so werden bei der Polarenspiegelung S_k auch diese beiden Randpunkte
miteinander vertauscht: $S_k (C_0) = C_0'$ und $S_k (C_0') = C_0$. Da außerdem $S_k (A_0) = A_0'$
und $S_k (A_0') = A_0$ gilt, folgt für die Diagonalen des „Sehnenvierecks" $\square\, A_0 A_0' C_0' C_0$:
$S_k (\overline{C_0 A_0'}) = \overline{C_0' A_0}$ und $S_k (\overline{C_0' A_0}) = \overline{C_0 A_0'}$. Bezeichnen wir den Schnittpunkt dieser
Diagonalen einmal mit S, so muß, da die Polarenspiegelung die Inzidenz erhält, auch
sein Bild $S' = S_k (S)$ auf beiden Diagonalen liegen; d. h., S ist Fixpunkt bezüglich S_k,
und damit gilt

$$S \in k \tag{2.6}$$

A Betrachten wir nun die Polarenspiegelung S_g an g! Da nach Konstruktion (A_0C_0) und $(A_0'C_0')$ durch den Pol G von g verlaufen, sind diese Fixgeraden bezüglich S_g; und wegen der Automorphie des Randkreises gilt $S_g(A_0) = C_0$ und $S_g(A_0') = C_0'$. Aus den gleichen Überlegungen, die wir bei der Polarenspiegelung S_k anstellten, folgt aus der Vertauschung der Diagonalen des Sehnenvierecks bei S_g, daß auch $S \in g$ gelten muß. Mit (2.6) folgt daraus, daß dieser Schnittpunkt S mit dem h-Punkt B identisch sein muß, da g und k nur diesen Punkt gemeinsam haben. Wir können also bei der Konstruktion auf die Bestimmung des Poles K von k verzichten.

K o n s t r u k t i o n. Man bestimme den Pol G von g. Durch den Schnittpunkt von (AG) mit dem Randkreis ist A_0, durch (A_0B) der Randpunkt C_0' und durch (GC_0') der Punkt A' auf g eindeutig festgelegt (Fig. 2.11).

2.3.6 Grundaufgabe: h-Halbierung und h-Mittelsenkrechte einer h-Strecke

Gegeben sei eine beliebige h-Strecke $\overline{AB}$; gesucht ist jener h-Punkt $M \in \overline{AB}$, für den $\overline{AM} \equiv_h \overline{MB}$ gilt.

Zur Lösung dieser Grundaufgabe greifen wir auf die in Abschn. 2.3.5 gewonnenen Erkenntnisse zurück. Sei G der Pol der durch $\overline{AB}$ festgelegten h-Geraden g; dann legen die Verbindungsgeraden (GA) und (GB) durch ihre Schnittpunkte mit dem Randkreis jenes charakteristische Sehnenviereck fest, dessen Diagonalen sich (nach Abschn. 2.3.5) im h-Mittelpunkt von $\overline{AB}$ schneiden. Zur Bestimmung von M genügt eine von beiden (Fig. 2.12). Die in (GM) enthaltene h-Gerade m ist dann — nach Definition der h-Orthogonalität — die eindeutig bestimmte h-Mittelsenkrechte von $\overline{AB}$.

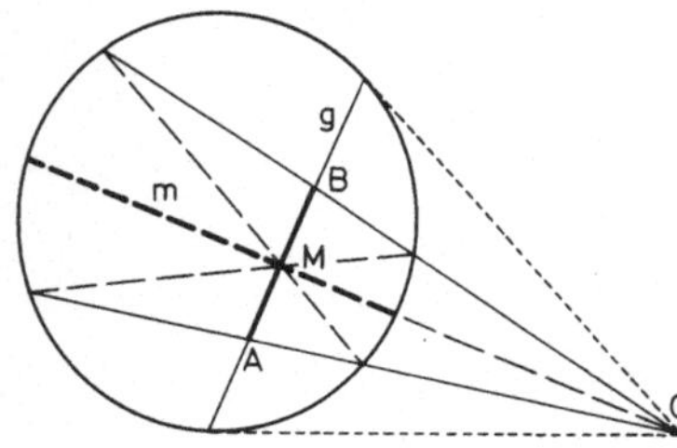

Fig. 2.12

2.4 h-Parallelität

Der Eindruck, den wir von der Geometrie im Kleinschen Modell bisher gewonnen haben, könnte „etwas verschwommen" so beschrieben werden: Zwar sehen gewisse Figuren, wie z. B. rechte Winkel, kongruente Strecken und Winkel, von uns aus betrachtet, etwas „verzerrt" aus, und deshalb mag die besondere Kennzeichnung der geometrischen Gebilde als „h-Gebilde" gerechtfertigt sein, jedoch scheint sich die „h-Geometrie" von der unseren inhaltlich nicht zu unterscheiden; denn Strecken und Winkel können eindeutig halbiert werden und gewisse elementare Sätze (z. B. über gleichschenklige Dreiecke (vgl. Aufgabe 2.2) gelten dort wie bei uns. Dieser erste Eindruck

muß jedoch schon korrigiert werden, wenn wir „parallele" h-Geraden betrachten. Um **A**
den Unterschied besser erkennen zu können, rekapitulieren wir zunächst einmal, wie
in unseren Schulbüchern parallele Geraden eingeführt werden:

Sehen wir von einer Definition, die vorwiegend in älteren Unterrichtswerken zu finden
ist: „Zwei Geraden heißen parallel, wenn sie keinen Punkt gemeinsam haben", einmal
ab, weil danach die Parallelität zwischen Geraden nicht reflexiv ist, so stellen wir fest,
daß im wesentlichen d r e i verschiedene Möglichkeiten zur Einführung der Parallelität
wahrgenommen werden.

1. Man legt fest: Zwei Geraden heißen „sich schneidende" Geraden, wenn sie genau
einen Punkt gemeinsam haben. Geraden, die sich nicht schneiden, heißen parallel.

Damit hat man die Reflexivität gesichert, da eine Gerade nach dieser Definition sich
nicht selbst schneidet (s. Definition 2.3).

2. Man benutzt die Orthogonalität: Zwei Geraden, die beide auf einer dritten Geraden
senkrecht stehen, heißen parallel.

Diese Definition wird vorwiegend in Lehrbüchern verwendet, die abbildungsgeometrisch
aufgebaut sind (s. Definition 2.4).

3. Unter Verwendung des Begriffes „Abstand" sagt man: Zwei Geraden, die überall denselben Abstand haben, heißen parallel.

Man verweist auf Eisenbahnschienen, gegenüberliegende Seiten von Bilderrahmen,
Zimmerwänden etc. zur Verdeutlichung (s. Definition 2.5).

Anschließend wird in der Regel dann plausibel gemacht, daß man mit der gewählten
Definition auch die Eigenschaften, die in den beiden anderen Definitionsmöglichkeiten
ausgedrückt sind, erfaßt. Wir sagen: In der euklidischen Geometrie sind diese drei Definitionen gleichwertig, und es ist – von didaktischen Feinheiten einmal abgesehen – im
Prinzip gleichgültig, welcher man den Vorzug gibt.

Wir stellen uns jetzt die Frage ob auch die Mathematiklehrer unserer hypothetischen
Wanzenkinder diese Freiheit der Methodenwahl haben, oder – etwas exakter ausgedrückt – ob diese drei Definitionen auch im h-Modell äquivalent sind.

Definition 2.3 Zwei h-Geraden heißen s i c h s c h n e i d e n d e h-Geraden, wenn sie
genau einen h-Punkt gemeinsam haben. Zwei h-Geraden g und k, die sich nicht schneiden,
heißen h-parallel (in Zeichen: g $\parallel_h$ k).

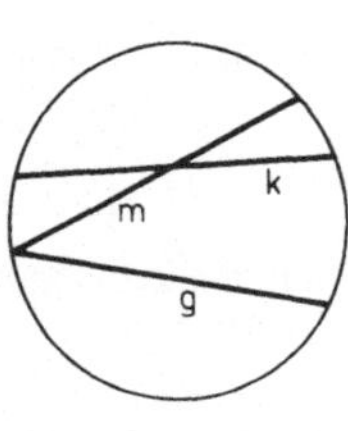

Fig. 2.13

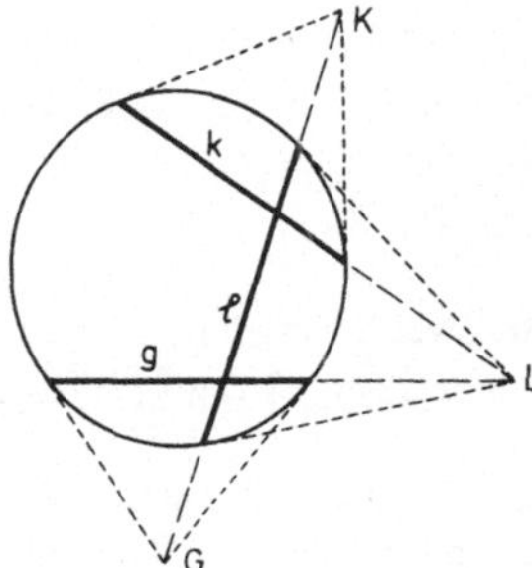

Fig. 2.14

A   Nach dieser Definition ist z. B. die h-Gerade g (Fig. 2.13) h-parallel zur h-Geraden k, aber auch zur h-Geraden m, da der gemeinsame Randpunkt von m und g kein h-Punkt mehr ist. Wie man an Fig. 2.13 weiterhin sofort sieht, ist die so definierte h-Parallelität zwar reflexiv und symmetrisch, aber sicher nicht transitiv; denn es gilt zwar k $\|_h$ g und g $\|_h$ m, aber k $\nmid_h$ m!

Definition 2.4 Zwei h-Geraden g und k heißen genau dann h′-parallel (in Zeichen g $\|_{h'}$ k), wenn sie auf einer dritten h-Geraden h-orthogonal stehen.

Um zwei h′-Parallelen zu konstruieren, errichtet man in zwei h-Punkten einer h-Geraden ℓ jeweils die h-Orthogonale g und k gemäß Abschn. 2.3.3 (vgl. Fig. 2.14). Die h-Gerade ℓ nennen wir g e m e i n s a m e h - O r t h o g o n a l e der h-Geraden g und k, die somit h′-parallel sind.

Nach Satz 2.1 muß die Verlängerung der gemeinsamen h-Orthogonalen zweier h′-Parallelen g und k jedoch sowohl durch den Pol G von g als auch durch den Pol K von k gehen (vgl. Fig. 2.14). Da eine Gerade durch zwei Punkte eindeutig festgelegt ist, erhalten wir

Satz 2.4 Zu zwei verschiedenen h′-parallelen h-Geraden gibt es g e n a u e i n e gemeinsame h-Orthogonale.

Stehen im Euklidischen dagegen zwei Geraden g und k auf einer dritten senkrecht, so ist bekanntlich jede zu g orthogonale Gerade auch zu k orthogonal. D. h., g und k haben dort unendlichviele gemeinsame Orthogonalen.

Auch die h′-Parallelität zwischen h-Geraden ist reflexiv und symmetrisch, aber nicht transitiv (vgl. Aufgabe 2.6).

Vergleichen wir Definitionen 2.3 und 2.4, so stellen wir fest:

Satz 2.5 Zwei h-Geraden g und k, die zueinander h′-parallel sind, sind sicher auch zueinander h-parallel.

B e w e i s. Für g = k ist der Satz nach Definition 2.3 richtig. Gelte also g ≠ k, und sei ℓ gemeinsame h-Orthogonale von g und k. Wegen g $\perp_h$ ℓ liegt nach Satz 2.1 der Pol L von ℓ auf der Verlängerung von g, und wegen k $\perp_h$ ℓ auch auf der Verlängerung von k, d. h., der Schnittpunkt der Verlängerungen von g und k ist Pol der Geraden ℓ bezüglich des Einheitskreises. Da die durch ℓ festgelegte Gerade Sekante des Randkreises ist, liegt L mit Sicherheit im Äußeren des Einheitskreises. Der einzige Punkt, den die Verlängerungen von g und k gemeinsam haben, ist also kein h-Punkt.

Das gilt auch für den Fall, daß die gemeinsame h-Orthogonale ℓ Durchmesser des Einheitskreises ist.

Hingegen gilt

Satz 2.6 Zwei h-Geraden, die sich nicht schneiden, brauchen keine gemeinsame h-Orthogonale zu besitzen. Aus g $\|_h$ k folgt n i c h t g $\|_{h'}$ k.

B e g r ü n d u n g. Schneiden sich die h-Geraden g und k nicht, so sind für die durch sie festgelegten euklidischen Geraden drei Fälle möglich:

1. sie sind auch euklidisch parallel (sie können dann auch zusammenfallen),

2. sie schneiden sich im Äußeren des Einheitskreises, oder

3. sie schneiden sich in einem Randpunkt R.

In den Fällen 1 und 2 besitzen g und k eine gemeinsame Orthogonale. Fallen in 1 die h-Geraden g und k zusammen, ist trivialerweise jede h-Orthogonale von g auch eine solche von k. Für g ≠ k ist das euklidische Lot vom Kreiszentrum O auf g und k die gemeinsame h-Orthogonale (Fig. 2.15a), im 2. Fall ist es die Kreissehne, die die Polare des Schnittpunktes der Verlängerungen von g und k festlegt (Fig. 2.15b).

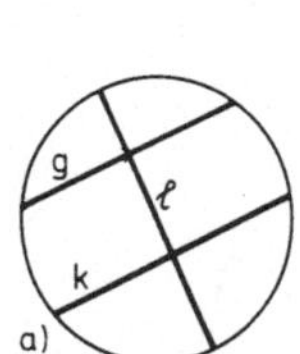
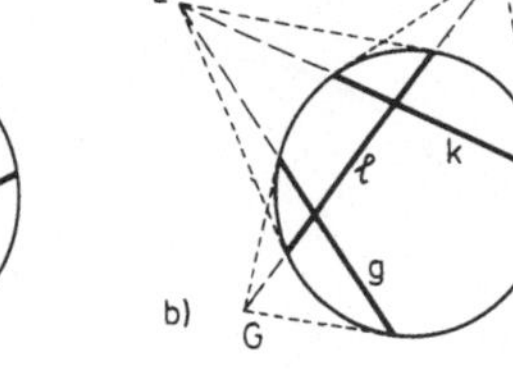
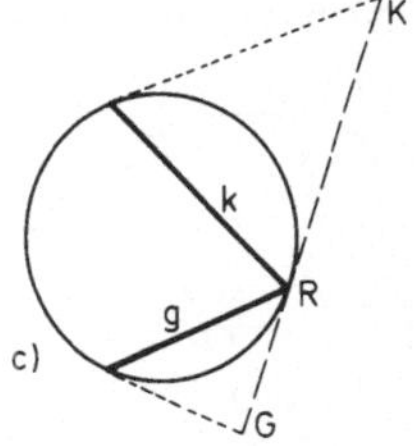

Fig. 2.15

Hingegen existiert im 3. Fall keine gemeinsame h-Orthogonale. Die beiden Pole von g und k liegen dann nämlich (nach Definition 1.1) auf der in R an den Einheitskreis gelegten Tangente, so daß ihre Verbindungsgerade mit dieser Tangente zusammenfällt und somit keine Sehne des Einheitskreises enthält (Fig. 2.15c).

Es gibt also h-Geraden, die zueinander zwar h-parallel jedoch n i c h t h′-parallel sind. Die Definitionen 2.3 und 2.4 sind also nicht äquivalent. In der Literatur bezeichnet man h-Geraden, die h′-parallel sind, als „ü b e r p a r a l l e l", und h-parallele h-Geraden, die nicht h′-parallel sind, als „r a n d p a r a l l e l". Mit diesen Bezeichnungen lassen sich die Sätze 2.4 bis 2.6 zusammenfassen zu

Satz 2.7 Zwei verschiedene h-Geraden g und k, die überparallel sind, haben genau eine gemeinsame h-Orthogonale. Schneiden sich g und k oder sind sie randparallel, so existiert keine gemeinsame h-Orthogonale zu g und k.

Bei sich schneidenden h-Geraden müßte ihr Schnittpunkt S der Pol ihrer gemeinsamen h-Orthogonalen sein. Da S dann aber h-Punkt ist, existiert nach Definition 1.1 jedoch keine Polare zu ihm.

Nun zur dritten Möglichkeit der Einführung der Parallelität. Hier geraten wir zunächst in Schwierigkeiten, weil wir noch nicht wissen, was wir unter dem „h-Abstand" zweier h-Punkte bzw. eines h-Punktes von einer h-Geraden zu verstehen haben. Uns steht noch kein „Maß" zur Festlegung einer Streckenlänge zur Verfügung. Wir formulieren deshalb unsere Definition im Euklidischen erst einmal so um, daß ihre „Übersetzung" im h-Modell überprüfbar wird.

Definition 2.5 Sei g eine Gerade, E̲ eine der beiden durch g festgelegten Halbebenen und P ein Punkt aus E̲. Die Menge aller Punkte von E̲, deren Lote auf g (gemeint ist hier mit „Lot" die vom Punkt und dem Fußpunkt des Lotes begrenzte Strecke) zum Lot von P auf g kongruent sind, heißt eine zu g parallele Gerade (Fig. 2.16).

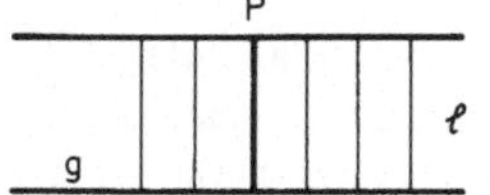

Fig. 2.16

Um die Brauchbarkeit dieser Definition im h-Modell zu überprüfen, konstruieren wir zunächst zu vorgegebener h-Geraden g und h-Punkt P einen zweiten h-Punkt P', dessen Lot auf g zu dem von P auf g h-kongruent ist. Dazu führen wir an einer, nicht durch P verlaufenden, zu g h-orthogonalen h-Geraden s_1 eine Polarenspiegelung aus (Fig. 2.17a).

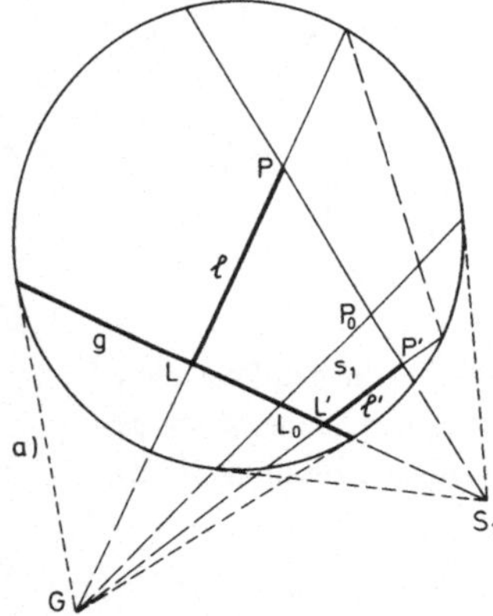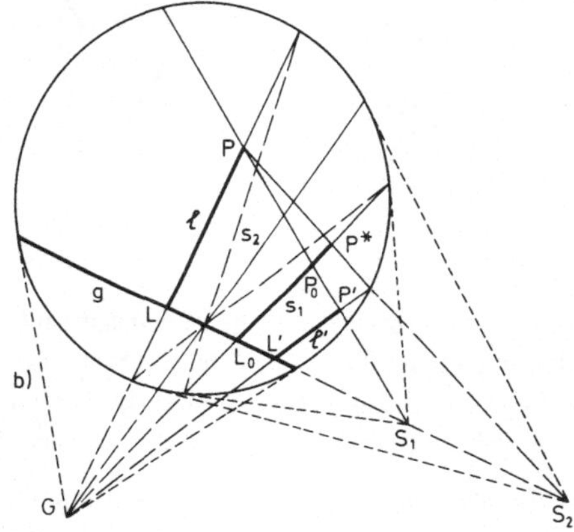

Fig. 2.17

Wegen $g \perp_h s_1$ ist g Fixgerade dieser Polarenspiegelung S_{s_1}. Bezeichnen wir mit L den Schnittpunkt der durch P verlaufenden h-Orthogonalen ℓ zu g (Konstruktion nach Abschn. 2.3.3), so muß wegen der Geradentreue $L' = S_{s_1}(L)$ wieder auf g liegen und (nach Satz 2.3) $\ell' = S_{s_1}(\ell)$ wieder zu g h-orthogonal sein. Die Bildstrecke $\overline{P'L'} = S_{s_1}(\overline{PL})$ ist also wieder h-Lot von P' auf g und – da durch eine Polarenspiegelung aus $\overline{PL}$ hervorgegangen – zu $\overline{PL}$ h-kongruent. Wir haben somit einen zweiten Punkt (P'), dessen h-Lot auf g die Kongruenzbedingung von Definition 2.5 erfüllt.

Eine naheliegende Vermutung ist nun die, daß die h-Gerade, die durch die beiden h-Punkte P und P' festgelegt ist, die Menge jener h-Punkte sei, deren h-Lote auf g alle zu $\overline{PL}$ h-kongruent sind. Diese Vermutung ist – obwohl im Euklidischen zutreffend – jedoch falsch!

Um das einzusehen genügt es, den Schnittpunkt P_0 der h-Geraden (PP') mit der Polarenspiegelachse s_1 zu betrachten. Bezeichnen wir den Schnittpunkt von s_1 mit g mit L_0 (vgl. Fig. 2.17b), so ist – wegen $s_1 \perp_h g$ die h-Strecke $\overline{P_0L_0}$ sicher h-Lot von P_0 auf g. Wäre unsere Vermutung richtig, müßte $\overline{P_0L_0}$ auch h-kongruent zu $\overline{PL}$ sein, d. h., die beiden h-Strecken müßten sich durch eine endliche Folge von Polarenspiegelungen auf-

einander abbilden lassen. Führen wir jedoch eine Polarenspiegelung an der h-Mittelsenk- **A**
rechten s_2 von $\overline{LL_0}$ aus, so geht zwar ℓ in die durch P_0 und L_0 festgelegte h-Gerade s_1
über, auch S_{s_2} (L) = L_0 gilt; jedoch wird P – als Schnittpunkt von ℓ mit der durch P
und dem Pol S_2 von s_2 festgelegten Fixgeraden – auf den Schnittpunkt P* dieser Fixgeraden mit s_1 abgebildet. Da die beiden Pole S_1 (von s_1) und S_2 zwei verschiedene
Punkte der (euklidischen) Geraden g sind, und P (nach Voraussetzung) nicht auf g liegt,
bilden die Punkte P, S_1 und S_2 ein Dreieck, und es gilt P* $\neq P_0$; d. h., die drei Punkte
P, P* und P' erfüllen zwar die Bedingung bezüglich der h-Kongruenz ihrer h-Lote auf g,
sind jedoch mit Sicherheit nicht kollinear.

Nun ließe sich einwenden, daß zwar die h-Kongruenz der h-Lote $\overline{PL}$ und $\overline{P^*L_0}$ mit
P* $\neq P_0$ nachgewiesen wurde, nicht aber, daß $\overline{PL}$ und $\overline{P_0L_0}$ nicht h-kongruent sind.
(Die h-Kongruenz könnte ja in dem Sinne „unzweckmäßig" definiert sein, daß zwei
h-Strecken, von denen die eine eine echte Teilmenge der anderen ist, trotzdem beide
($\overline{P_0L_0}$ und $\overline{P^*L_0}$) einer dritten ($\overline{PL}$) h-kongruent wären.) Wir beweisen daher

Satz 2.8 (E i n d e u t i g k e i t   d e r   h - S t r e c k e n a b t r a g u n g) Ist eine h-Strecke
$\overline{LP}$ einer (anderen) h-Strecke $\overline{L'P'}$ h-kongruent, dann kann es auf jener von L' begrenzten
h-Halbgeraden, auf der P' liegt, keinen zweiten Punkt P_1' so geben, daß $\overline{LP}$ auch zu der
h-Strecke $\overline{L'P_1'}$ h-kongruent ist (Fig. 2.18).

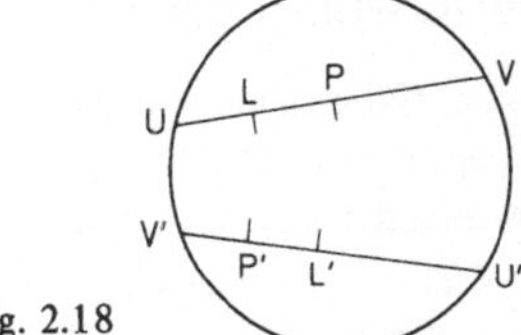

Fig. 2.18

B e w e i s. Seien U und V die durch die h-Strecke $\overline{LP}$ festgelegten Randpunkte
(Fig. 2.18); nach Voraussetzung ($\overline{LP} \equiv_h \overline{L'P'}$) gibt es eine endliche Folge von Polaren-
spiegelungen, die $\overline{LP}$ auf $\overline{L'P'}$ abbildet. Wegen der Geradentreue und der Invarianz des
Doppelverhältnisses bei jeder Polarenspiegelung (Satz 1.9) muß daher (ULPV) =
(U'L'P'V') sein, wenn U' und V' die entsprechenden Randpunkte der durch $\overline{L'P'}$ fest-
gelegten h-Geraden sind. Nach Satz 1.8 ist aber bei vorgegebenem Doppelverhältnis
und drei Punkten – U', L' und V' – der vierte Punkt eindeutig bestimmt. Es muß also
P' = P_1' gelten.

Mit diesem Satz ist nun gezeigt, daß P_0 nicht – wie vermutet – zur Menge jener h-Punkte
gehört, deren h-Lote auf g zu $\overline{PL}$ h-kongruent sind, und P der einzige h-Punkt auf s_1 ist,
der dieser Bedingung genügt.

Da schon die drei von uns betrachteten Punkte P, P* und P' nicht kollinear sind (wir
werden später ergänzend feststellen, daß sie auf einer Ellipse liegen), scheidet also die
dritte Möglichkeit einer Definition für parallele h-Geraden aus, weil „Linien gleichen
h-Abstandes" zu g gar keine h-Geraden mehr sind.

Wir halten fest: In unserem h-Modell ist keine der drei – im Euklidischen gleichwertigen –
Definitionen zu einer anderen äquivalent. Definition 2.5 scheidet als Möglichkeit aus,

A da durch sie keine h-Geraden erfaßt werden; Definition 2.3 ist „umfassender" als Definition 2.4, da randparallele h-Geraden nicht h′-parallel sind.

Wir entscheiden uns daher in den weiteren Betrachtungen für die h-Parallelität und werden, wo es das Verständnis erleichtert, darüber hinaus zwischen Rand- und Überparallelität unterscheiden[1].

2.5 Pseudo-Rechtecke

Nachdem wir festgestellt haben, daß zumindest bezüglich der Lehre von den Parallelen sich die Geometriebücher unserer Wanzenkinder i n h a l t l i c h von unseren Lehrbüchern unterscheiden müssen (z. B. hinsichtlich der Transitivität des Parallelseins von Geraden), wollen wir einmal Spekulationen über die ä u ß e r e G e s t a l t dieser Schulbücher in der h-Welt anstellen: Welche geometrische Form können Buchseiten, Zeitungen etc. in unserer Modellwelt haben?

Wollten wir nämlich aus Gründen tradierter euklidischer Vorurteile fordern, daß eine Buchseite die Form eines Vierecks mit vier rechten Winkeln in den Ecken haben müsse, so sehen wir uns enttäuscht. Denn nennen wir den h-Winkel, den zwei h-Orthogonalen bilden, konsequenterweise einen h-rechten, so gilt

Satz 2.9 Es existiert kein h-Viereck mit vier h-rechten Winkeln.

B e w e i s. Gäbe es ein solches h-Viereck, müßten in ihm jeweils zwei Gegenseiten Teilmengen gemeinsamer h-Orthogonalen der anderen Gegenseiten sein. Es gäbe also zu zwei verschiedenen h-Geraden z w e i gemeinsame h-Orthogonalen im Widerspruch zu Satz 2.7.

Da sich so der Wunsch nach Papierblättern uns vertrauter Gestalt in der h-Welt als nicht realisierbar erwiesen hat, können wir, um für die äußere Form von Druck-Erzeugnissen möglichst viele Eigenschaften des euklidischen Rechtecks beizubehalten, unsere Forderung – je nach Geschmack – auf verschiedene Weise abändern: Entweder wir halten daran fest, daß eine Buchseite die Gestalt eines V i e r e c k s haben müsse, und fordern

1. ein V i e r e c k mit m ö g l i c h s t v i e l e n rechten Winkeln,

oder aber wir wünschen (rechtwinklig an Leib und Seele)

2., a l l e Winkel des Blattes sollen r e c h t e sein, wobei die Eckenzahl m ö g l i c h s t n a h e b e i 4 liegt.

Im Euklidischen sind die Forderungen 1 und 2 insofern äquivalent, als sich jedesmal ein euklidisches Rechteck ergibt, in der h-Welt hingegen erhalten wir verschiedene Formen. Um das einzusehen, konstruieren wir zunächst ein h-Viereck mit möglichst vielen h-rechten Winkeln: Wir zeichnen zu zwei beliebigen überparallelen h-Geraden a und c ihre gemeinsame h-Orthogonale b mit den Schnittpunkten B und C (vgl. Fig. 2.19). Verbinden wir jetzt einen beliebigen h-Punkt A ≠ B der h-Geraden a mit

---

dem Pol C* von c, so ist durch den Schnittpunkt dieser Verbindungsgeraden mit c der
vierte h-Punkt D des h-Vierecks □ ABCD festgelegt. Dieses h-Viereck hat nach Konstruktion in den Ecken B, C und D h-rechte Winkel, hingegen nicht in der Ecke A, weil die Verlängerung der durch A und D festgelegten h-Geraden d (wegen A ≠ B) nicht auch durch den Pol A* von a verlaufen kann. Ziehen wir die Verbindungsgerade (AA*) und bezeichnen jene von A begrenzte h-Halbgerade, deren Verlängerung A* nicht enthält, mit $\underline{\ell}$ (Fig. 2.19), so stellen wir fest, daß die von A begrenzte h-Halbgerade $\underline{d}$ ganz im Inneren des h-Winkels ∢ ($\underline{\ell}$, $\underline{a}$) verläuft.

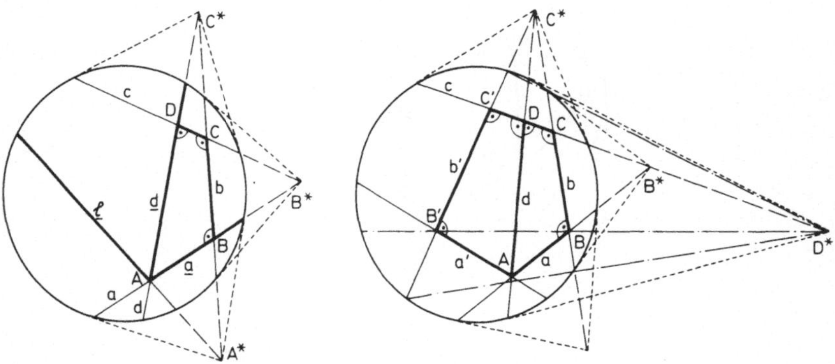

Fig. 2.19   Fig. 2.20

Definition 2.5 Sind ∢ ($\underline{k}$, $\underline{m}$) und ∢ ($\underline{k}'$, $\underline{m}'$) zwei h-Winkel und kann man eine vom Scheitel von ∢ ($\underline{k}$, $\underline{m}$) innerhalb des h-Winkels ausgehende h-Halbgerade $\underline{u}$ so angeben, daß ∢ ($\underline{u}$, $\underline{m}$) ≡$_h$ ∢ ($\underline{k}'$, $\underline{m}'$) ist, dann heißt der h-Winkel ∢ ($\underline{k}'$, $\underline{m}'$) k l e i n e r als der h-Winkel ∢ ($\underline{k}$, $\underline{m}$) und ∢ ($\underline{k}$, $\underline{m}$) größer als ∢ ($\underline{k}'$, $\underline{m}'$).

Nach dieser Definition ist ∢ ($\underline{d}$, $\underline{a}$) kleiner als der h-rechte ∢ ($\underline{\ell}$, $\underline{a}$). Wir haben also ein h-Viereck konstruiert, das in drei Ecken (B, C und D) h-rechte Winkel besitzt, während der h-Winkel der vierten Ecke (A) kleiner ist. Ein solches h-Viereck wollen wir „S p i t z - e c k" nennen. Ein Spitzeck erfüllt unsere Forderung 1, da nach Satz 2.9 mehr h-rechte Winkel in einem h-Viereck nicht auftreten können.

Der vierte Winkel eines Spitzecks, der kleiner als ein h-rechter ist, mag, wenn man z. B. ans Zeitungslesen denkt, zur bequemeren „Handhabung" von Vorteil sein; und diese Vorstellung eines h-Zeitungslesers führt uns auch zur Konstruktion eines h-Rechtecks nach Forderung 2: Stellen wir uns nämlich vor, eine Zeitung oder ein Buch in Spitzeckform würde „aufgeschlagen", wobei die „Wendeachse" durch einen Schenkel jenes kleineren Winkels festgelegt ist, so läßt sich diese „Umwendung" − wie im Euklidischen durch eine Achsenspiegelung − als Polarenspiegelung an dieser Wendeachse interpretieren. Da nach Satz 2.3 dabei die h-Orthogonalität erhalten bleibt, entsteht dabei − wenn wir Ur- und Bild-Spitzeck zu einer Gesamtfigur zusammenfassen − ein h-Polygon, das offensichtlich als h-Fünfeck mit vier h-rechten Winkeln zu bezeichnen ist (Fig. 2.20); denn die zur Achse der Polarenspiegelung (AD) h-Orthogonale (DC) ist Fixgerade, das Bild b' von b muß wieder zu c h-orthogonal und das Bild a' von a zu b' h-orthogonal bleiben.

A Der h-Winkel bei A, der kleiner als ein h-rechter ist, wird dabei (vgl. Abschn. 2.3.1) h-verdoppelt.

Wenn wir also ein Spitzeck konstruieren, dessen h-Winkel bei A ein „halber" h-rechter ist, läßt sich durch die beschriebene Polarenspiegelung ein h-Fünfeck erzeugen, dessen sämtliche h-Winkel h-rechte sind. Fig. 2.21 zeigt ein solches Spitzeck, dessen Konstruktion mit der h-Halbierung (Abschn. 2.3.4) eines h-rechten Winkels begonnen wurde,

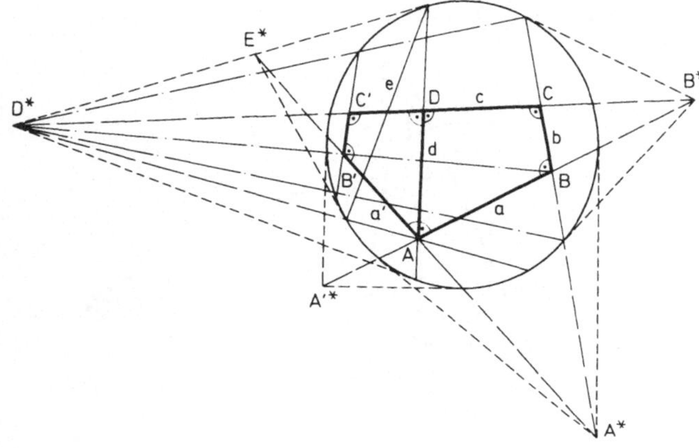

Fig. 2.21

und das daraus entstandene h-Fünfeck mit nur h-rechten Winkeln (vgl. auch Aufgabe 2.9). Mit diesem Nachweis der Existenz von h-Fünfecken, die nur h-rechte Winkel besitzen, wird erst e i n e r Bedingung der Forderung 2 genügt. Es bleibt noch zu zeigen, daß auch die Forderung bezüglich der Eckenanzahl erfüllt ist: Satz 2.9 besagt bereits, daß es ein h-Viereck mit dieser Eigenschaft nicht gibt. Gäbe es ein h-Dreieck mit drei h-rechten Winkeln, müßte es drei verschiedene h-Geraden geben, von denen jede zu den beiden anderen h-orthogonal wäre. Zwei h-orthogonale h-Geraden schneiden sich jedoch und nach Satz 2.7 können sie dann keine gemeinsame h-Orthogonale besitzen. Also kann es kein h-Dreieck geben, dessen sämtliche h-Winkel h-rechte sind, und das beschriebene h-Fünfeck ist das Analogon des euklidischen Rechtecks gemäß Forderung 2.

Geben wir den Namen „Pseudo-Rechteck" allen geschlossenen h-Polygonen, die nur h-rechte Winkel besitzen, so stellen wir sofort fest, daß es nicht nur fünfseitige Pseudo-Rechtecke gibt: Führen wir z. B. an einer beliebigen Seite eines fünfseitigen Pseudo-Rechteckes eine Polarenspiegelung durch und fassen wir – wie bei der Spitzeckspiegelung – Ur- und Bildfigur zu einer einzigen Gesamtfigur zusammen, so erhalten wir ein sechsseitiges Pseudo-Rechteck. Daraus können wir entsprechend ein achtseitiges Pseudo-Rechteck erzeugen usf.

Unsere eingangs gestellte Frage nach der möglichen Form von Buchseiten und Zeitungen in der h-Welt läßt sich also nicht eindeutig beantworten. Man kann als mögliches Analogon des euklidischen Rechtecks entweder das Spitzeck (1) oder das fünfseitige Pseudo-Rechteck (2) ansehen. Gehen wir noch ein wenig weiter, indem wir das Quadrat als jenen Spezialfall des Rechtecks ansehen, das überdies „regelmäßig" ist, d. h. kongruente

Winkel und zueinander kongruente Seiten besitzt, so gelangen wir zu den r e g e l - m ä ß i g e n Pseudo-Rechtecken.

Definition 2.6 Unter einem regelmäßigen Pseudo-Rechteck verstehen wir ein Pseudo-Rechteck mit zueinander h-kongruenten h-Strecken als Seiten.

Die Frage nach der Existenz regelmäßiger Pseudo-Rechtecke wird durch Fig. 2.22, in der ein solches mit fünf Seiten in spezieller Lage dargestellt ist, beantwortet. Die Pole seiner Seiten liegen alle auf einem zum Einheitskreis konzentrischen Kreis, dessen Radiuslänge man mit Hilfe von geometrischen Formeln aus der Mittelstufe zu $|r| = \sqrt{\sqrt{5}+1}$ berechnet (vgl. Aufgabe 2.10).

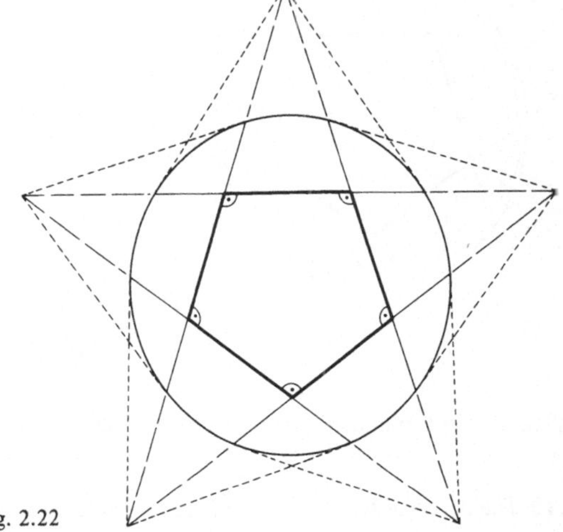

Fig. 2.22

Da die euklidische Verlängerung jeder seiner Seiten durch die Pole der benachbarten Seiten verläuft, ist jeder seiner h-Winkel ein h-rechter. Die h-Kongruenz der Seiten ist dadurch gesichert, daß jede h-Strecke, die Seite dieses h-Fünfecks ist, durch Polarenspiegelung (die hier gemäß unserer Verabredung aus Kapitel 1 mit der euklidischen Geradenspiegelung identisch ist) an einer passenden h-Winkelhalbierenden der Ecken auf jede andere Seite dieses h-Fünfecks abgebildet wird. Es ist nach den Überlegungen des vorigen Abschnittes das regelmäßige Pseudo-Rechteck mit kleinster Eckenzahl. Wie einerseits schon aus dem festen Zahlenwert für den Abstand der Pole vom Zentrum ersichtlich ist, andererseits später noch allgemeiner erörtert wird, sind — anders als im Euklidischen die Quadrate — alle regelmäßigen Pseudo-Rechtecke mit fünf Seiten zueinander h-kongruent.

Durch Polarenspiegelung an jeder Seite dieses h-Fünfecks läßt sich an jede Seite eine zur Ausgangsfigur h-Kongruente Figur so anfügen, daß ein h-20-Eck mit fünf einspringenden Ecken entsteht (Fig. 2.23). Da diese einspringenden Ecken wieder h-rechte Winkel bilden und die in jeder solchen Ecke aneinanderstoßenden h-Strecken dieses Polygons zueinander h-kongruent sind, „paßt" bei einer nochmaligen Polarenspiegelung an jeder das Ur-Fünfeck festlegenden h-Geraden ein weiteres regelmäßiges Pseudo-Fünfeck

A "lückenlos" in die einspringende Ecke. Wir erhalten auf diese Weise ein konvexes h-15-Eck mit 15 h-Rechten, das jedoch nicht mehr regelmäßig ist, da als Seiten sowohl zu den Seiten des Ausgangsfünfecks kongruente, als auch h-verdoppelte auftreten. Dieser Prozeß fortwährender Polarenspiegelungen läßt sich — wenn auch, wie aus Fig. 2.23

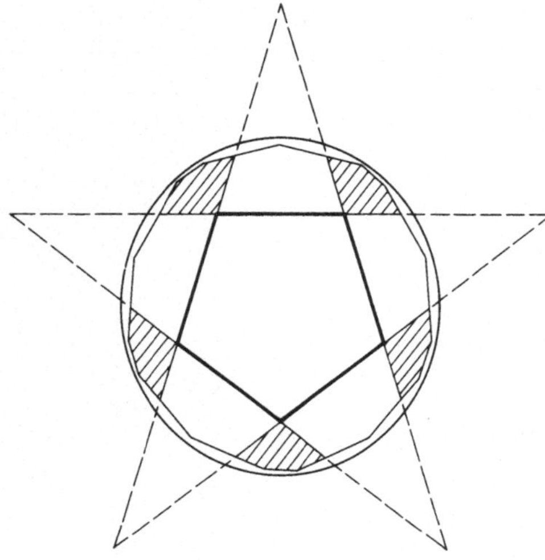

Fig. 2.23

ersichtlich, nur in Gedanken! — beliebig fortsetzen, so daß wir den Satz formulieren können:

Satz 2.10 Die h-Ebene läßt sich mit einem regelmäßigen h-Fünfeck (das gleichzeitig Pseudo-Rechteck ist) parkettieren.

Bekanntlich ist der analoge Satz über regelmäßige Fünfecke in der euklidischen Ebene falsch.

B **Aufgaben**

2.1 Man gebe die Bedingungen für jene Spezialfälle an, bei denen die h-Verdoppelung und h-Halbierung eines h-Winkels (einer h-Strecke) auch eine euklidische Verdoppelung bzw. Halbierung bewirkt.

2.2 Verbindet man einen beliebigen h-Punkt C der h-Mittelsenkrechten einer h-Strecke $\overline{AB}$ mit ihren Endpunkten, so erhält man (wenn C nicht der h-Halbierungspunkt von $\overline{AB}$ ist) ein h-Dreieck, das h-gleichschenklig genannt wird. Man zeige, daß in einem solchen h-Dreieck

a) der h-Winkel an der Spitze durch die h-Mittelsenkrechte der Basis h-halbiert wird,
b) die Basiswinkel h-kongruent sind.

2.3 Unter Zuhilfenahme der bei den Grundaufgaben benutzten Gesetzmäßigkeiten beweise man den Satz:

Die im Scheitel eines h-Winkels auf dessen h-Winkelhalbierender errichtete h-Orthogonale B ist h-Halbierende des Nebenwinkels.

2.4 Aus einer beliebig gegebenen h-Strecke $\overline{AB}$ konstruiere man (mit Beschreibung) ein h-gleichschenkliges h-Dreieck, das bei B h-rechtwinklig ist.

Man gebe die Bedingungen dafür an, daß dieses Dreieck auch

a) euklidisch rechtwinklig, b) euklidisch gleichschenklig und c) euklidisch rechtwinklig-gleichschenklig ist.

2.5 Man konstruiere ein h-gleichseitiges h-Dreieck, das n i c h t euklidisch gleichseitig ist.

2.6 Sei **G** die Menge aller h-Geraden.

a) Man zeige (durch Konstruktion eines Gegenbeispiels), daß die h'-Parallelität (die Randparallelität) in **G** nicht transitiv ist.

b) Man beschreibe gewisse Teilmengen $G_L \subset G$, in denen die h'-Parallelität (Randparallelität) transitiv ist.

c) Man begründe, weshalb die Menge aller Teilmengen G_L aus b) k e i n e Klasseneinteilung von **G** ist.

2.7 Der h-Punkt P (0; 1/2) sowie die durch die Gleichung y = 0 bestimmte h-Gerade seien gegeben. Man konstruiere fünf weitere h-Punkte, deren h-Lote auf diese h-Gerade zu dem von P gefällten h-kongruent sind.

2.8 a) Man beweise folgenden Satz der euklidischen Geometrie: Sind g und k zwei sich schneidende Geraden, so hat jede Gerade ℓ mit g $\cup$ k mindestens einen Punkt gemeinsam.

b) Man zeige (durch Konstruktion eines Gegenbeispiels), daß die „Übersetzung" dieses Satzes ins h-Modell falsch ist, und begründe, weshalb das in a) verwendete Beweisverfahren im h-Modell versagt.

2.9 Man konstruiere zu einem vorgegebenen h-Punkt A ein Spitzeck mit der Ecke A, dessen Eckwinkel in A durch h-Halbierung eines h-rechten Winkels entstanden ist.

2.10 Auf dem Kreis mit dem Radius R liegen die Ecken P_i (i = 1, . . . , 5) eines regelmäßigen Fünfecks. $\left(\text{Für dessen Seitenlänge } s_5 \text{ gilt } \dfrac{s_5}{R} = \sqrt{\dfrac{5 - \sqrt{5}}{2}}\right).$

a) Man berechne den Radius r jenes Kreises K_r, der durch die Bedingung festgelegt ist, daß die Polaren der Punkte P_i bezüglich K_r die Diagonalen des gegebenen Fünfecks sein sollen.

b) Man weise durch eine Zeichnung mit den Radien R = 9 cm und r = 5 cm nach, daß der Näherungswert R : r = 1,8 ausreichend ist.

2.11 a) Man bestimme den Radius jenes zum Einheitskreis konzentrischen Kreises, auf dem die 6 Punkte (als Ecken eines regelmäßigen Sechsecks) liegen müssen, deren Polaren bezüglich des Einheitskreises ein regelmäßiges Pseudo-Rechteck mit 6 h-Seiten bilden[1].

---

[1] Vgl. Abb. 44 in Fischer-Lexikon Mathematik 2.

B b) Man konstruiere dieses regelmäßige h-Sechseck und begründe, weshalb sich auch mit ihm die h-Ebene parkettieren läßt.

c) Man gebe den Unterschied der unter b) begründeten Parkettierung zu jener an, die in der euklidischen Ebene mit einem regelmäßigen Sechseck durchgeführt werden kann.

3 Zum Axiomensystem

A ### 3.1 Begründung des deduktiven Verfahrens

Die Ergebnisse, die in Kapitel 2 gewonnen wurden, gestatten es, unserer Kernfrage nach der Charakterisierung der Bierdeckel-Geometrie in einer „ersten Annäherung" wie folgt zu beantworten.

Wir können die von uns bisher untersuchten geometrischen Fakten in drei Klassen einteilen:

I. Aussagen, die in der h-Welt genauso „wahr" sind wie in der unseren.

„Die Halbierende eines Winkels ist eindeutig konstruierbar", „die Orthogonalität von Geraden ist symmetrisch", „es gibt kein Dreieck mit drei rechten Winkeln" usf.

II. Sätze, die für uns „wahr", für die Modellwesen aber Irrlehren sind.

„Die Parallelität von Geraden ist transitiv", „es gibt Vierecke mit vier rechten Winkeln", „Punkte, deren Lote auf eine gegebene Gerade kongruent sind, liegen wieder auf einer Geraden" etc.

III. Sätze, die im h-Modell gelten, jedoch von uns als Häresien bezeichnet werden.

„Zwei Geraden haben höchstens eine gemeinsame Senkrechte", „es gibt Sechsecke mit sechs rechten Winkeln", „die Ebene kann mit regelmäßigen Fünfecken parkettiert werden" usw.

Dieses Ergebnis ist zwar recht interessant, aber als Antwort auf unsere Kernfrage nicht zufriedenstellend; weil einerseits nur ein sehr kleiner Bereich unserer Schulgeometrie erfaßt wird, zum anderen auch nicht die U r s a c h e der Abweichungen bzw. Übereinstimmungen erkennbar ist.

Würden wir in unserer bisherigen – gleichsam empirischen – Betrachtungsweise fortfahren, könnten wir zwar immer mehr geometrische Aussagen in diese drei Klassen einsortieren; aber selbst wenn wir mit dieser – recht mühevollen – Methode a l l e uns bekannten Sätze der Schulgeometrie getestet hätten, erhielten wir lediglich eine Gegenüberstellung von Fakten, ohne „des Pudels Kern" zu erkennen.

Wir werden daher einen anderen Weg einschlagen, der durch die Analyse eines bekannten Satzes aus der Schulgeometrie verdeutlicht werden soll.

Der Lehrsatz des Pythagoras scheidet für diese Demonstration aus, da es – wie wir schon wissen – zwar rechtwinklige Dreiecke, aber keine Quadrate in unserem Sinne in der h-Welt gibt, und uns überdies der Begriff „Flächeninhalt" nicht zur Verfügung steht. Es muß ein Satz sein, der über weniger komplizierte Gebilde eine Aussage macht.

Wir nehmen den (großen) Satz von Desargues:

A

Satz 3.1 (S a t z   d e s   D e s a r g u e s) Gehen drei verschiedene Geraden g_1, g_2 und g_3 durch einen Punkt S und liegen die Punkte P_i und Q_i (i = 1, 2, 3) jeweils so auf g_i, daß $(P_1 P_2) \parallel (Q_1 Q_2)$ und $(P_2 P_3) \parallel (Q_2 Q_3)$ gilt, dann gilt auch stets $(P_1 P_3) \parallel (Q_1 Q_3)$ (vgl. Fig. 3.1 und Fig. 3.2).

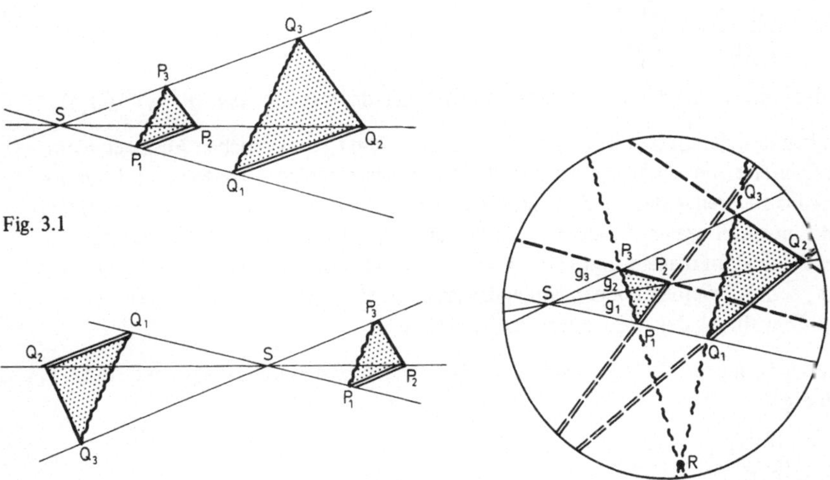

Fig. 3.1

Fig. 3.2

Fig. 3.3

Dieser Satz wird i. allg. zu Beginn der Ähnlichkeitslehre auf der Mittelstufe behandelt.

Fig. 3.3 zeigt nun, daß der Satz von Desargues nach unserer Einteilung in die Kategorie 2 gehört. Denn obwohl die drei verschiedenen h-Geraden g_1, g_2 und g_3 durch denselben h-Punkt S gehen und $(P_1 P_2) \parallel_h (Q_1 Q_2)$ und $(P_2 P_3) \parallel_h (Q_2 Q_3)$ gilt, sind die beiden h-Geraden $(P_1 P_3)$ und $(Q_1 Q_3)$ zueinander n i c h t h-parallel, da sie sich in dem h-Punkt R schneiden.

Während wir uns bei entsprechenden Untersuchungen in Kapitel 2 mit einer solchen Feststellung begnügten, wollen wir nunmehr nach den Gründen suchen, die zu einer derartigen Diskrepanz des „Wahrheitsgehaltes" führen.

Bekanntlich haben wir – im Gegensatz zu den Modellwesen – gute Gründe, den Satz von Desargues als gültig zu deklarieren, und wir machen ihn in unseren Schulbüchern durch folgenden Beweis „glaubhaft":

B e w e i s des Satzes 3.1. Wegen $(P_1 P_2) \parallel (Q_1 Q_2)$ (nach Voraussetzung) gilt nach dem 1. Strahlensatz

$$\frac{|\overline{SP_1}|}{|\overline{P_1 Q_1}|} = \frac{|\overline{SP_2}|}{|\overline{P_2 Q_2}|}\,, \tag{3.1}$$

A (vgl. Fig. 3.1) und wegen $(P_2 P_3) \parallel (Q_2 Q_3)$ (nach Voraussetzung) gilt ebenfalls nach dem 1. Strahlensatz

$$\frac{|\overline{SP_2}|}{|\overline{P_2 Q_2}|} = \frac{|\overline{SP_3}|}{|\overline{P_3 Q_3}|} \, . \tag{3.2}$$

Aus (3.1) und (3.2) folgt

$$\frac{|\overline{SP_1}|}{|\overline{P_1 Q_1}|} = \frac{|\overline{SP_3}|}{|\overline{P_3 Q_3}|} \, ;$$

nach der Umkehrung des 1. Strahlensatzes darf man daraus schließen: $(P_1 P_3) \parallel (Q_1 Q_3)$.

Wir haben also den Satz von Desargues aus zwei anderen geometrischen Aussagen, dem 1. Strahlensatz und seiner Umkehrung, deduziert. Diese beiden Aussagen sind ihrerseits wieder aus anderen geometrischen Sätzen deduzierbar usf. Dabei geht diese fortgesetzte Reduktion von Sätzen auf andere − „einfachere" − Aussagen jedoch nicht ad infinitum so weiter; sondern man gelangt bei gewissen Stellen auf sog. „Grundaussagen", die nicht weiter „zerlegt" werden können. Auch das läßt sich an unserem Beispiel zeigen, indem wir die Umkehrung des 1. Strahlensatzes beweisen.

U m k e h r u n g   d e s   1.   S t r a h l e n s a t z e s. Schneiden sich $(P_1 Q_1)$ und $(P_3 Q_3)$ in S und gilt

$$\frac{|\overline{SP_3}|}{|\overline{P_3 Q_3}|} = \frac{|\overline{SP_1}|}{|\overline{P_1 Q_1}|} \, ,$$

dann gilt

$$(P_1 P_3) \parallel (Q_1 Q_3).$$

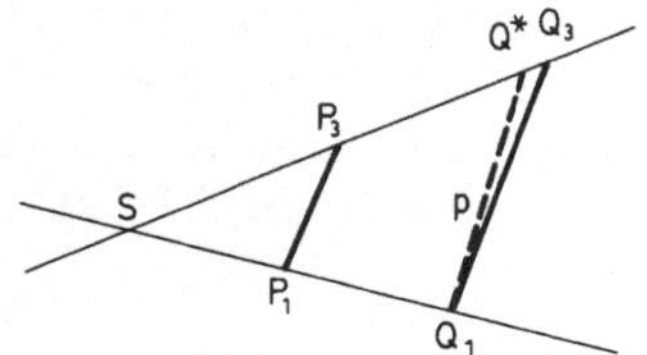

Fig. 3.4

B e w e i s. Die Parallele p durch Q_1 zu $(P_1 P_3)$ (vgl. Fig. 3.4) kann nicht parallel zu (SP_3) sein, weil aus $(P_1 P_3) \parallel p$ und $p \parallel (SP_3)$ folgen würde $(P_1 P_3) \parallel (SP_3)$ im Widerspruch zur Voraussetzung. Also existiert der Schnittpunkt Q* von p mit (SP_3). Jetzt sind für $(P_1 P_3)$ und $(Q_1 Q^*)$ die Voraussetzungen des 1. Strahlensatzes erfüllt, und nach ihm gilt

$$\frac{|\overline{SP_3}|}{|\overline{P_3 Q^*}|} = \frac{|\overline{SP_1}|}{|\overline{P_1 Q_1}|} \, ;$$

aus der Voraussetzung folgt damit

$$\frac{|\overline{SP_3}|}{|\overline{P_3 Q^*}|} = \frac{|\overline{SP_3}|}{|\overline{P_3 Q_3}|} \, ,$$

also

A

$$|\overline{P_3Q^*}| = |\overline{P_3Q_3}|, \qquad \text{d. h. } Q = Q_3.$$

Bei diesem Beweis stützt man sich außer auf die Eindeutigkeit der Streckenabtragung
wieder auf den 1. Strahlensatz und auf folgende „Grundaussage"

(P) Durch einen Punkt – hier ist es Q_1 –, der nicht auf einer Geraden – hier $(P_1 P_3)$ –
liegt, existiert zu dieser Geraden genau eine Parallele.

Während die anderen beiden Sätze in dem angedeuteten Sinn weiter „zerlegbar" sind,
ist es die Aussage (P) nicht. Man nennt sie ein A x i o m unserer Geometrie.

Denken wir uns nun den Desarguesschen Satz in Weiterführung dieser Reduktion so
weit zerlegt, daß nur noch solche „Grundaussagen" wie (P) übrig bleiben, dann haben
wir genau jene Axiome, aus denen er deduziert wird. Aus der Tatsache, daß dieser Satz
in unserer h-Geometrie nicht richtig ist, folgt, daß in ihr auch nicht alle dieser Axiome
Gültigkeit haben; mindestens ein Axiom kann nicht erfüllt sein.

Wir können also an Stelle des zunächst erwogenen Verfahrens, bei dem a l l e Sätze
unserer Geometrie auf ihre Gültigkeit in der h-Geometrie zu untersuchen wären, uns
darauf beschränken, dies nur mit den Axiomen der euklidischen Geometrie zu tun. Die
Gültigkeit der Sätze im h-Modell wird sich dann danach richten, ob jene Axiome, die zu
ihrem Beweis herangezogen werden müssen, auch in der h-Geometrie „wahr" sind oder
nicht.

Der deduktive Aufbau der gesamten Geometrie aus endlich vielen Axiomen, den wir
hierbei ausnutzen, ist bekanntlich von Euklid zum ersten Mal dargestellt worden. Zu
Ehren dieser Leistung, durch die die Geometrie fast zwei Jahrtausende hindurch zum
Musterbeispiel aller deduktiven Wissenschaften wurde, sprechen wir ja auch von der
e u k l i d i s c h e n Geometrie.

Wenn wir später gewisse Geometrien als „nichteuklidisch" bezeichnen, heißt das jedoch
nicht, daß ihnen dieser deduktive Aufbau fehlte, sondern daß lediglich deren Axiome
(z. T.) andere sind als die der euklidischen.

Es kann hier nicht auf die interessante historische Entwicklung der Geometrie einge-
gangen werden[1]. Für unsere weiteren Überlegungen ist lediglich wichtig, daß das
Axiomensystem des Euklid nicht vollständig ist. Gewisse geometrische Annahmen,
die uns die gewöhnliche „Anschauung" nahelegt, werden bei seinen Beweisen benutzt,
ohne daß sie als Axiome ausdrücklich postuliert sind. Deshalb hat der deutsche Mathematiker David H i l b e r t 1899 ein von allen „logischen Makeln" gereinigtes Axiomensystem der euklidischen Geometrie aufgestellt [17]. Obwohl inzwischen noch andere
– ebenso „saubere" – Systeme entwickelt wurden, wollen wir – der Bedeutung wegen,
die der Hilbertschen Auffassung nicht nur für die Weiterentwicklung der Geometrie,
sondern der gesamten Mathematik überhaupt, zukommt – dieses Axiomensystem für
unsere folgenden Untersuchungen benutzen.

---

[1] Vgl. z. B. die im Literaturverzeichnis mit (G) gekennzeichneten Werke.

3.2 Das Axiomensystem Hilberts

B Gemäß der schon in Kapitel 2 erfolgten Beschränkung auf die Ebene stützen wir uns bei den weiteren Untersuchungen auf die folgenden Hilbertschen Axiome, wobei wir lediglich bei den Stetigkeitsaxiomen von einer vereinfachenden Umformung, die von Baldus stammt [3], Gebrauch machen (vgl. [17]).

I Axiome der Verknüpfung

I 1. Zu zwei Punkten A, B gibt es stets eine Gerade a, die mit jedem der beiden Punkte A, B zusammengehört.

I 2. Zu zwei Punkten A, B gibt es nicht mehr als eine Gerade, die mit jedem der beiden Punkte A, B zusammengehört.

I 3. Auf einer Geraden gibt es wenigstens zwei Punkte. Es gibt wenigstens drei Punkte, die nicht auf einer Geraden liegen.

II Axiome der Anordnung

II 1. Wenn ein Punkt B zwischen einem Punkt A und einem Punkt C liegt, so sind A, B, C drei verschiedene Punkte einer Geraden, und B liegt dann auch zwischen C und A.

II 2. Zu zwei Punkten A und C gibt es stets wenigstens einen Punkt B auf der Geraden (AC), so daß C zwischen A und B liegt.

II 3. Unter irgend drei Punkten einer Geraden gibt es nicht mehr als einen, der zwischen den beiden anderen liegt.

II 4. Es seien A, B, C drei nicht in gerader Linie gelegene Punkte und a eine Gerade, die keinen der Punkte A, B, C trifft. Wenn dann die Gerade a durch einen Punkt der Strecke AB geht, so geht sie gewiß auch durch einen Punkt der Strecke AC oder durch einen Punkt der Strecke BC.

III Axiome der Kongruenz

III 1. Wenn A, B zwei Punkte auf einer Geraden a und ferner A' ein Punkt auf derselben oder einer anderen Geraden a' ist, so kann man auf einer gegebenen Seite der Geraden a' von A' stets einen Punkt B' finden, so daß die Strecke $\overline{AB}$ der Strecke $\overline{A'B'}$ kongruent oder gleich ist, in Zeichen $\overline{AB} \equiv \overline{A'B'}$.

III 2. Wenn eine Strecke $\overline{A'B'}$ und eine Strecke $\overline{A''B''}$ derselben Strecke $\overline{AB}$ kongruent sind, so ist auch die Strecke $\overline{A'B'}$ der Strecke $\overline{A''B''}$ kongruent, kurz: Wenn zwei Strecken einer dritten kongruent sind, so sind sie untereinander kongruent.

III 3. Es seien AB und BC zwei Strecken ohne gemeinsame Punkte auf der Geraden a und ferner $A'B'$ und $B'C'$ zwei Strecken auf derselben oder einer anderen Geraden a' ebenfalls ohne gemeinsame Punkte; wenn dann $\overline{AB} \equiv \overline{A'B'}$ und $\overline{BC} \equiv \overline{B'C'}$ ist, so ist auch stets $\overline{AC} \equiv \overline{A'C'}$.

III 4. Es sei ein Winkel $\angle\,(\underline{h}, \underline{k})$ und eine Gerade a' sowie eine bestimmte Seite von a' gegeben. Es bedeute $\underline{h}'$ einen Halbstrahl der Geraden a', der vom Punkt O' ausgeht; dann gibt es einen und nur einen Halbstrahl $\underline{k}'$, so daß der Winkel $\angle\,(\underline{h}, \underline{k})$ kongruent oder gleich dem Winkel $\angle\,(\underline{h}', \underline{k}')$ ist und zugleich alle inneren Punkte des Winkels $\angle\,(\underline{h}', \underline{k}')$ auf der gegebenen Seite von a' liegen, in Zeichen $\angle\,(\underline{h}, \underline{k}) \equiv \angle\,(\underline{h}', \underline{k}')$. Jeder Winkel ist sich selbst kongruent, d. h., es ist stets $\angle\,(\underline{h}, \underline{k}) \equiv \angle\,(\underline{h}, \underline{k})$.

III 5. Wenn für zwei Dreiecke ABC und $A'B'C'$ die Kongruenzen $\overline{AB} \equiv \overline{A'B'}$, $\overline{AC} \equiv \overline{A'C'}$, $\sphericalangle$ BAC $\equiv \sphericalangle$ $B'A'C'$ gelten, so ist auch stets die Kongruenz $\sphericalangle$ ABC $\equiv \sphericalangle$ $A'B'C'$ erfüllt.

IV Axiom der Parallelen
IV (E u k l i d i s c h e s A x i o m). Es sei a eine beliebige Gerade und A ein Punkt außerhalb a; dann gibt es höchstens eine Gerade, die durch A verläuft und a nicht schneidet.

V Axiome der Stetigkeit
V 1. (A r c h i m e d i s c h e s A x i o m). Es gibt eine Strecke $\overline{AB}$ einer Geraden a von folgender Art: A_1 sei ein beliebiger Punkt in der Strecke; auf a gibt es dann n − 1 Punkte $A_2, A_3, \ldots, A_n$, so daß die Strecken $\overline{AA_1}, \overline{A_1A_2}, \ldots, \overline{A_{n-1}A_n}$ einander kongruent sind und B zwischen A_{n-1} und A_n liegt.
V 2. (C a n t o r s c h e s A x i o m). Es gibt eine Strecke $\overline{A_1B_1}$ folgender Art: $\overline{A_vB_v}$ (v = 2, 3, ...) sei eine Folge von Strecken derart, daß die Endpunkte der v-ten Strecke in der (v − 1)-ten liegen und daß es keine Strecke gibt, deren Endpunkte in allen Strecken $\overline{A_vB_v}$ liegen; dann gibt es einen Punkt, der in allen Strecken $\overline{A_vB_v}$ liegt.

Diese 15 Axiome sind also jene geometrischen „Grundaussagen", aus denen sich, wie . in Abschn. 3.2 angedeutet, alle Sätze der euklidischen Geometrie der Ebene deduzieren lassen. Bevor wir jedoch uns mit den einzelnen Axiomgruppen näher befassen, soll kurz ein für das Verständnis wesentlicher Aspekt herausgehoben werden.

Der Leser wird es vielleicht merkwürdig finden, daß in diesen Axiomen zwar − z. T. recht komplizierte − Aussagen über „Punkte" und „Geraden" gemacht werden, aber im Gegensatz zu unseren Definitionen in Abschn. 2.2 nirgends gesagt wird, was diese Grundgebilde nun eigentlich „sind". Darin unterscheidet sich in der Tat auch das Axiomensystem Hilberts von dem des Euklid, der noch erklärt, was unter „Punkt" und „Gerade" verstanden werden soll.

Gerade darin wird aber die neue Auffassung, mit der seit Hilbert die Aussagen der Geometrie betrachtet werden, besonders deutlich: „Punkte" und „Geraden" werden nach Hilbert durch ihre in den Axiomen beschriebenen Eigenschaften umfassend charakterisiert! Nur diese ihre Eigenschaften sind für die Mathematik von Interesse. Die Frage nach dem „Sein" im ontologischen Sinn der Philosophie ist danach genauso sinnlos wie die Frage: Was ist ein Gruppenelement? Analog wie man sich ein Gruppenelement z. B. durch eine rationale Zahl, eine Permutation, eine Restklasse nach einem Primzahlmodul, eine Abbildung usw. veranschaulicht denken darf, wenn man nur die „Verknüpfung" in Übereinstimmung mit den Gruppenaxiomen interpretiert, so ist auch die Vorstellung, die man sich von „Punkt" und „Gerade" machen will, prinzipiell frei wählbar, sofern ihre Beziehungen untereinander den Hilbertschen Axiomen entsprechen.

Was uns heute am Beispiel der Gruppentheorie völlig problemlos erscheint, fand jedoch zur Zeit Hilberts bezüglich der Geometrie nicht immer volle Zustimmung. So wandte sich z. B. der bekannte Logiker Frege gegen Hilbert mit der Forderung: „Ich verlange von einer Definition des Punktes, daß danach müsse beurteilt werden können, ob ein beliebiger Gegenstand, z. B. meine Taschenuhr, ein Punkt sei" (vgl. [32]).
Demgegenüber fassen wir, um es in der Sprache der Logik zu formulieren, diese Hilbert-

B schen Axiome als A u s s a g e f o r m e n auf, die die Begriffe „Punkt", „Gerade" sowie die Relationen, die in ihnen vorkommen (wie z. B. „zwischen", „kongruent" etc.), als V a r i a b l e enthalten. Unsere nächste Aufgabe ist es, zu prüfen, welche der Aussagen, die entstehen, wenn wir diese Variablen, nun nicht durch Freges Taschenuhr, aber durch unsere h-Punkte, h-Geraden und ihre entsprechenden h-Relationen aus Kapitel 2 ersetzen, wahr werden und welche falsch.

Dabei sieht man unmittelbar, daß sowohl alle Axiome der Verknüpfung (I 1 bis I 3) als auch alle Axiome der Anordnung (II 1 bis II 4) wahre Aussagen ergeben, wenn wir eine solche Einsetzung vornehmen: „Zu zwei verschiedenen h-Punkten A und B gibt es genau eine h-Gerade, die mit den beiden h-Punkten A und B inzidiert" (I 1 und I 2) und „Auf einer h-Geraden gibt es wenigstens zwei h-Punkte. Es gibt drei h-Punkte, die nicht auf einer h-Geraden liegen" (I 3)[1]. Das ist nicht überraschend, denn wir haben ja die Inzidenz und die Zwischenbeziehung von h-Punkten lediglich durch eine „Einschränkung" dieser Relationen von der euklidischen Ebene auf den Einheitskreis definiert.

Hingegen ist genauso leicht ersichtlich, daß bei analoger Einsetzung aus dem „Axiom der Parallelen" (IV) eine falsche Aussage wird; denn der Satz: „Es sei a eine beliebige h-Gerade und A ein h-Punkt außerhalb a, dann gibt es höchstens eine h-Gerade, die durch A verläuft und a nicht schneidet", wird schon durch das in Fig. 3.5 dargestellte Gegenbeispiel widerlegt. Durch den h-Punkt A gibt es unendlichviele h-Geraden, die a nicht schneiden.

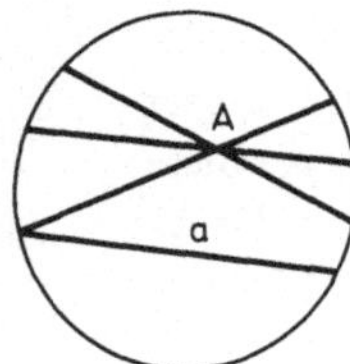

Fig. 3.5

Bevor wir die Gültigkeit der noch verbleibenden Hilbertschen Axiomgruppen III und V im h-Modell in gleicher Weise überprüfen können, müssen wir noch gewisse Eigenschaften jener Folgen von Polarenspiegelungen festhalten, durch die nach Definition 2.2 die h-Kongruenz festgelegt ist.

3.3 Die h-Bewegungen

Definition 3.1 Jede endliche Folge von Polarenspiegelungen

$$S_{p_n} \circ S_{p_{n-1}} \circ \ldots \circ S_{p_2} \circ S_{p_1}$$

heißt h-Bewegung. Unter der Komposition zweier h-Bewegungen verstehen wir das Hintereinanderausführen der Folgen von Polarenspiegelungen:

---

[1] Der Leser „übersetze" entsprechend die Axiome der Anordnung und überzeuge sich von deren Gültigkeit im h-Modell.

$$S_{p_n}^2 \circ S_{p_{n-1}}^2 \circ \ldots \circ S_{p_1}^2 \circ S_{p_m}^1 \circ S_{p_{m-1}}^1 \circ \ldots \circ S_{p_1}^1.$$

B

Man beachte: 1. Nach dieser Darstellungsart erfolgt die Ausführung der Polarenspiegelungen in der Reihenfolge „von rechts nach links". 2. Im Gegensatz zum gelegentlichen Sprachgebrauch gehören zu den h-Bewegungen auch jene Abbildungen, die ungleichsinnig h-kongruente Bilder vermitteln.

Aus Definition 3.1 folgt, daß h-Bewegungen auch die mit den Sätzen 1.2, 1.3 und 1.9 für Polarenspiegelungen bewiesenen Eigenschaften haben; d. h., sie bilden h-Geraden wieder auf h-Geraden ab (Geradentreue), Peripherie und Inneres des Einheitskreises jeweils auf sich (Automorphie) und lassen das Doppelverhältnis von vier kollinearen Punkten invariant.

Satz 3.2 Die Menge der h-Bewegungen bildet bezüglich ihrer Komposition als Verknüpfung eine Gruppe.

B e w e i s. 1. (Abgeschlossenheit) Nach Definition ergibt die Komposition zweier h-Bewegungen wieder eine endliche Folge von Polarenspiegelungen und damit eine h-Bewegung.

2. Da das Assoziativ-Gesetz der Komposition für alle Abbildungen gilt, ist auch die Komposition der Polarenspiegelungen des Einheitskreises assoziativ.

3. (Existenz des neutralen Elementes) Nach Satz 1.6 ist die identische Abbildung I als Komposition jeder Polarenspiegelung mit sich selbst in der Menge der h-Bewegungen enthalten.

4. Zu jeder h-Bewegung $S_{p_n} \circ \ldots \circ S_{p_1}$ existiert die inverse, nämlich die Folge derselben Polarenspiegelungen in umgekehrter Reihenfolge: $S_{p_1} \circ \ldots \circ S_{p_n}$.

Satz 3.3 Ist $\overline{AB}$ eine h-Strecke und M ein h-Punkt zwischen A und B, dann liegt nach einer h-Bewegung auch der Bildpunkt M' von M zwischen den Bildpunkten A' und B'.

B e w e i s. Bezeichnen wir die Randpunkte der durch A und B festgelegten Geraden mit U und V so, daß A zwischen U und B liegt (Fig. 3.6); dann liegen wegen der Geradentreue die fünf Bildpunkte U', A', M', B' und V' wieder auf einer Geraden, wegen der Automorphie U' und V' auf dem Rande und A', M' und B' im Inneren des Einheitskreises. B' kann nicht zwischen A' und U' liegen, da das Doppelverhältnis (AVBU)

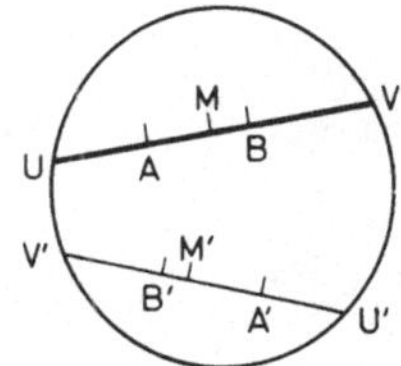

Fig. 3.6

– die Paare (A, V) und (B, U) trennen sich – nach d) in Satz 1.7 negativ ist, hingegen $(A'V'B'U')$ – die Paare (A', V') und (B', U') trennten sich dann nicht – wäre positiv. Das wäre ein Widerspruch zur Invarianz des Doppelverhältnisses. Also liegt B' zwischen

A' und V'. Entsprechend schließt man, daß M' nicht zwischen A' und U' und nicht zwischen B' und V' liegen kann. Also muß gelten: M' liegt zwischen A' und B'.

Satz 3.4 Die h-Kongruenz ist reflexiv, symmetrisch und transitiv.

B e w e i s. Für jede Teilmenge $T \subset K_i$ gilt $T \equiv_h T$; denn durch die h-Bewegung I wird T auf sich selbst abgebildet (Reflexivität).

Gilt für zwei Mengen $T_1, T_2 \subset K_i : T_1 \equiv_h T_2$, dann existiert eine h-Bewegung, die T_1 auf T_2 abbildet. Die (nach Satz 3.2 existente) inverse h-Bewegung zu dieser bildet dann T_2 auf T_1 ab. Es gilt also $T_2 \equiv_h T_1$ (Symmetrie).

Gilt für drei Teilmengen $T_1, T_2, T_3 \subset K_i : T_1 \equiv_h T_2$ und $T_2 \equiv_h T_3$, dann gibt es sowohl eine h-Bewegung, die T_1 auf T_2, als auch eine h-Bewegung, die T_2 auf T_3 abbildet. Nach Satz 3.2 ist aber die Komposition beider h-Bewegungen (Abgeschlossenheit) wieder eine h-Bewegung, die T_1 auf T_3 abbildet. Es gilt also $T_1 \equiv_h T_3$ (Transitivität).

Damit ist gezeigt, daß unsere Definition der h-Kongruenz (Abschn. 2.2) insofern zweckmäßig vorgenommen wurde, als sie – wie auch die gewöhnliche Kongruenz in der euklidischen Ebene – eine Äquivalenzrelation zwischen Teilmengen des Einheitskreises ist.

Von dieser Tatsache haben wir übrigens schon stillschweigend Gebrauch gemacht, als wir z. B. in Kapitel 2 von „zueinander kongruenten Loten" bei der Untersuchung von Linien gleichen Abstandes von einer h-Geraden sprachen. Jetzt wissen wir, daß das Hilbertsche Axiom II 2 erfüllt ist und somit unsere dort angewandte Sprechweise „erlaubt" war.

Um auch die noch ausstehenden Kongruenzaxiome auf ihre Gültigkeit untersuchen zu können, führen wir den Begriff „h-Fahne" ein.

Definition 3.2 Sei g eine h-Gerade, auf der der h-Punkt P liegt; dann heißt das geordnete Tripel, das gebildet wird aus dem h-Punkt P, einer der beiden durch P und g festgelegten h-Halbgeraden $\underline{g}_i$ ($i \in (0, 1)$) und einer der beiden durch g bestimmten h-Halbebenen $\underline{E}_k$ ($k \in (0, 2)$) die h - F a h n e $F_{i+k} = (P, \underline{g}_i, \underline{E}_k)$.

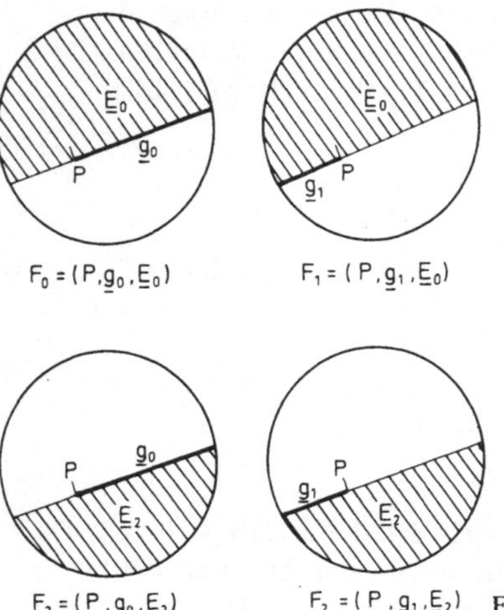

$F_0 = (P, \underline{g}_0, \underline{E}_0)$ $F_1 = (P, \underline{g}_1, \underline{E}_0)$

$F_2 = (P, \underline{g}_0, \underline{E}_2)$ $F_2 = (P, \underline{g}_1, \underline{E}_2)$ Fig. 3.7

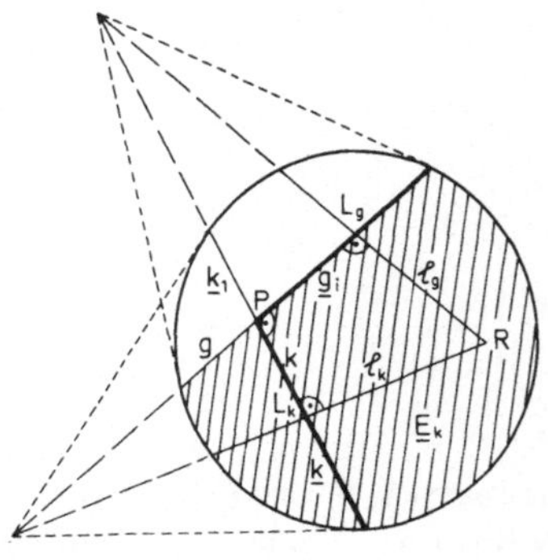

Fig. 3.8

Fig. 3.7 zeigt, daß es zu jedem h-Punkt-Geraden-Paar (P, g) genau vier verschiedene h-Fahnen gibt, je nachdem welche h-Halbgerade und h-Halbebene man mit P zu einer h-Fahne zusammenfaßt. Für h-Fahnen gilt nun

Satz 3.5 (S t a r r h e i t   d e r   h - F a h n e n) Die einzige h-Bewegung H, die eine h-Fahne auf sich abbildet, für die also

$$H\,(P) = P, \qquad H\,(\underline{g}_i) = \underline{g}_i \quad \text{und} \quad H\,(\underline{E}_k) = \underline{E}_k,$$

gilt, ist die identische Abbildung I.

B e w e i s. Nach Voraussetzung sind P Fixpunkt und $\underline{g}_i$ und $\underline{E}_k$ Fixgebilde bezüglich der h-Bewegung H.

1. $\underline{g}_i$ ist sogar Fixpunktgebilde von H; denn für das Bild Q' eines beliebigen h-Punktes $Q \in \underline{g}_i$ muß nach Voraussetzung $Q' \in \underline{g}_i$ gelten. Nach dem Satz über die Eindeutigkeit der h-Streckenabtragung (Satz 2.8) muß wegen $\overline{PQ} \equiv_h \overline{PQ'}$ gelten: $Q = Q'$. Entsprechend bleibt bei H auch die andere h-Halbgerade $\underline{g}_{1'}$ punktweise fix.

2. Bezeichnen wir mit $\underline{k}$ jene durch P eindeutig festgelegte h-Halbgerade aus $\underline{E}_k$, die h-orthogonal zu g ist, so muß wegen der Voraussetzung $H\,(\underline{E}_k) = \underline{E}_k$ der Geradentreue und Invarianz der h-Orthogonalität (Satz 2.3) $H\,(\underline{k}) = \underline{k}$ gelten; d. h., $\underline{k}$ ist ebenfalls Fixgebilde bezüglich H. Wie unter 1 läßt sich folgern, daß sowohl $\underline{k}$ als auch die andere (durch P festgelegte) h-Halbgerade $\underline{k}_1$ Fixpunktgebilde bezüglich H sein müssen.

Aus 1 und 2 folgt, daß die h-Geraden g und k bei der h-Bewegung H punktweise fix bleiben.

3. Sind nun R ein beliebiger h-Punkt aus $K_i \setminus (g \cup k)$ und ℓ_g und ℓ_k die (eindeutig bestimmten) h-Lote auf g bzw. k mit ihren Fußpunkten L_g und L_k (Fig. 3.8), so müssen, da die Fixpunkteigenschaft von L_g und L_k schon nachgewiesen, wie unter 1 und 2 diese h-Orthogonalen zu g und k jeweils auf sich abgebildet werden, und R (als Schnittpunkt beider) ist Fixpunkt bezüglich H.

Damit ist für jeden Punkt von K_i gezeigt, daß er Fixpunkt bezüglich H ist. H ist also die Identität I (vgl. z. B. [26]).

Der Starrheitssatz für h-Fahnen gestattet den Beweis des wichtigen

Satz 3.6 (F a h n e n s a t z) Zwei h-Fahnen lassen sich stets durch genau eine h-Bewegung, die aus höchstens drei Polarenspiegelungen besteht, aufeinander abbilden.

B e w e i s. Wir konstruieren erst eine solche h-Bewegung (Existenz) und zeigen anschließend, daß es keine andere geben kann (Eindeutigkeit).

Seien $F = (P, g, \underline{E})$ und $F^* = (P^*, \underline{g}^*, \underline{E}^*)$ zwei beliebige h-Fahnen mit $P \neq P^*$. (Der Fall $P = P^*$ wird im nächsten Schritt miterfaßt.) Die Polarenspiegelung S_{p_1} an der h-Mittelsenkrechten der h-Strecke $\overline{PP^*}$ bildet P auf P* ab. Nach Satz 1.2 wird dabei die h-Halbgerade $\underline{g}$ auf eine von P* ausgehende h-Halbgerade $\underline{g}'$ abgebildet. (Diese erste Polarenspiegelung entfällt, wenn von vornherein $P = P^*$ ist.) Jetzt sind zwei Fälle möglich:

$$\underline{g}' = \underline{g}^* \qquad \text{und} \qquad \underline{g}' \neq \underline{g}^*. \tag{3.3)\ (3.4}$$

B Zu (3.3): Gilt überdies S_{p_1} ($\underline{E}$) = $\underline{E}^*$, dann ist S_{p_1} die gewünschte h-Bewegung; gilt S_{p_1} ($\underline{E}$) $\neq$ $\underline{E}^*$, so bildet die anschließende Polarenspiegelung S_g an der durch $\underline{g}' = \underline{g}^*$ festgelegten h-Geraden das Bild S_{p_1} ($\underline{E}$) auf $\underline{E}^*$ ab, und $S_g \circ S_{p_1}$ ist die gesuchte h-Bewegung.

Zu (3.4): Die Polarenspiegelung S_w an der (nach Abschn. 2.3.4 eindeutig bestimmten) h-Winkelhalbierenden des h-Winkels $\measuredangle$ (g', g^*) bildet g' auf g^* ab, wobei P^* Fixpunkt ist. Auch hierbei sind wieder zwei Fälle möglich. Wird bei der Polarenspiegelung S_w das Bild S_{p_1} ($\underline{E}$) auf $\underline{E}^*$ abgebildet, dann ist $S_w \circ S_{p_1}$ die gesuchte h-Bewegung; wird hingegen bei S_w die h-Halbebene S_{p_1} ($\underline{E}$) auf die andere h-Halbebene abgebildet, so liefert eine nochmalige Polarenspiegelung S_{g^*} an der durch $\underline{g}' = \underline{g}^*$ bestimmten h-Geraden $\underline{g}^*$ die Abbildung auf $\underline{E}^*$, so daß $S_{g^*} \circ S_w \circ S_p$ die Abbildung ist, die F auf F^* abbildet.

Damit ist die Existenz einer h-Bewegung H nach Satz 3.6 nachgewiesen. Angenommen, es gäbe eine zweite h-Bewegung H^* mit dieser Eigenschaft, dann wäre H (F) = H^* (F) = F. Nach Satz 3.2 existiert die zu H inverse h-Bewegung H^{-1}, und es wäre dann $H^{-1} \circ H^*$ eine h-Bewegung, die die Fahne F auf sich selbst abbildet. Nach Satz 3.5 gilt dann $H^{-1} \circ H^* = I$. Da jedes Gruppenelement genau ein Inverses besitzt, gilt also $H^* = H$.

Eine triviale Folgerung aus dem Fahnensatz ist übrigens die, daß alle h-Fahnen zueinander h-kongruent sind[1].

Aus dem Fahnensatz folgt ebenso unmittelbar

Satz 3.7 Alle h-rechten Winkel sind zueinander h-kongruent.

B e w e i s. Seien die h-Winkel $\measuredangle$ ($\underline{g}_1$, $\underline{h}_1$) und $\measuredangle$ ($\underline{g}_2$, $\underline{h}_2$) h-rechte, dann gibt es nach Satz 3.6 (genau) eine h-Bewegung, die $\underline{g}_1$ auf $\underline{g}_2$ und gleichzeitig die h-Halbebene $\underline{E}_1$, die $\underline{h}_1$ enthält, auf die h-Halbebene $\underline{E}_2$, in der $\underline{h}_2$ liegt, abbildet. Aus der Eindeutigkeit des h-Lotes und der Invarianz der Orthogonalität bei h-Bewegungen folgt, daß dabei auch $\underline{h}_1$ auf $\underline{h}_2$ abgebildet wird. Also gilt $\measuredangle$ ($\underline{g}_1$, $\underline{h}_1$) $\equiv_h$ $\measuredangle$ ($\underline{g}_2$, $\underline{h}_2$).

3.4 Die Kongruenz- und Stetigkeitsaxiome

Die in Abschn. 3.3 gewonnenen Sätze über h-Bewegungen ermöglichen den Gültigkeitsnachweis aller Hilbertschen Axiome der Kongruenz für das h-Modell (vgl. z. B. [33]. Für Axiom III 2 wurde dieser Nachweis schon in Abschn. 3.3 erbracht.

Satz 3.8 Das Axiom III 1 ist im h-Modell erfüllt.

B e w e i s. Seien A, B zwei h-Punkte auf einer h-Geraden a und a' eine den h-Punkt A' enthaltende beliebige h-Gerade. Nach dem Fahnensatz gibt es eine h-Bewegung H, die jene von A begrenzte Halbgerade $\underline{a}$, die B enthält, so auf a' abbildet, daß H (A) = A' ist. (Dabei kann man noch vorschreiben, welche der durch a festgelegten h-Halbebenen auf eine der durch a' bestimmte h-Halbebene abgebildet werden soll.) Wegen der Geraden-

---

[1] Leider halten viele Menschen die Übertragung dieses Satzes in unsere Welt für unzutreffend!

treue und der Erhaltung der Zwischenbeziehung wird dabei $B \in \underline{a}$ auf einen h-Punkt B'
der gewählten (von A' und a' festgelegten) h-Halbgeraden $\underline{a}'$ abgebildet. Nach Definition
der h-Kongruenz gilt $\overline{AB} \equiv_h \overline{A'B'}$. Damit ist III 1 erfüllt.

Nach Satz 2.8 ist der Punkt B' darüber hinaus sogar e i n d e u t i g bestimmt.

Satz 3.9 Das Axiom III 3 ist im h-Modell erfüllt.

B e w e i s. Wegen $\overline{AB} \equiv_h \overline{A'B'}$ gibt es eine h-Bewegung H mit $H(A) = A'$ und $H(B) = B'$.
Dabei wird die h-Gerade a, die die h-Punkte A, B und C enthält, wegen der Geradentreue
auf die h-Gerade a' mit den h-Punkten A', B' und C' abgebildet. Nach Satz 3.3 und der
Voraussetzung muß der Bildpunkt C' von C auf die von B' festgelegte h-Halbgerade $\underline{a}'$
fallen, auf der A' nicht liegt. Wegen $\overline{BC} \equiv_h \overline{B'C'}$ ist $H(C) = C'$ eindeutig festgelegt, und
es gilt $\overline{AC} \equiv_h \overline{A'C'}$.

Satz 3.10 Das Axiom III 4 ist im h-Modell erfüllt.

B e w e i s. (Existenz) Nach dem Fahnensatz gibt es eine h-Bewegung H, die den
Schenkel $\underline{h}$ des h-Winkels $\sphericalangle (\underline{h}, \underline{k})$ so auf die von $0'$ ausgehende h-Halbgerade $\underline{h}'$ abbildet, daß der Scheitel 0 von $\sphericalangle (\underline{h}, \underline{k})$ auf $0'$ und $H(\underline{k}) = \underline{k}'$ in die vorgeschriebene
h-Halbebene fällt. Es gilt also $\sphericalangle (\underline{h}, \underline{k}) \equiv_h \sphericalangle (\underline{h}', \underline{k}')$.
(Eindeutigkeit) Gäbe es eine zweite von $0'$ ausgehende h-Halbgerade $\underline{k}^* \neq \underline{k}'$ in dieser
h-Halbebene mit $\sphericalangle (\underline{h}, \underline{k}) \equiv_h \sphericalangle (\underline{h}', \underline{k}^*)$, dann wäre nach Satz 3.4 auch $\sphericalangle (\underline{h}', \underline{k}^*) \equiv_h$
$\sphericalangle (\underline{h}', \underline{k}')$. Dann müßte es eine h-Bewegung H geben, die einerseits die Fahne F =
$(0', \underline{h}', \underline{E})$ auf sich selbst abbildet, andererseits wegen $\underline{k} \neq \underline{k}'$ nicht die Identität sein
könnte, im Widerspruch zu Satz 3.5.
Die im letzten Satz von III 4 geforderte Reflexivität der h-Kongruenz von h-Winkeln ist
mit Satz 3.4 gesichert.

Satz 3.11 Im h-Modell gilt der Kongruenzsatz (SWS) für h-Dreiecke, insbesondere also
das Axiom III 5.

B e w e i s. Bezeichne $\underline{c}$ die von A begrenzte h-Halbgerade, auf der B liegt, und $\underline{E}$ jene
zugehörige h-Halbebene, in der C liegt (Fig. 3.9). Nach dem Fahnensatz gibt es genau
eine h-Bewegung H, die die h-Fahne F = $(A, \underline{c}, \underline{E})$ auf die h-Fahne $F' = (A', \underline{c}', \underline{E}')$ abbildet, wobei $\underline{c}'$ die von A' begrenzte h-Halbgerade ist, auf der B' und $\underline{E}'$ die h-Halbebene (zu $\underline{c}'$) ist, in der C' liegt. Wegen $\overline{AB} \equiv_h \overline{A'B'}$ muß $H(B) = B'$ sein, wegen
$\sphericalangle BAC \equiv_h \sphericalangle (B'A'C')$ liegt $H(C)$ auf der von A' und C' festgelegten h-Halbgeraden,

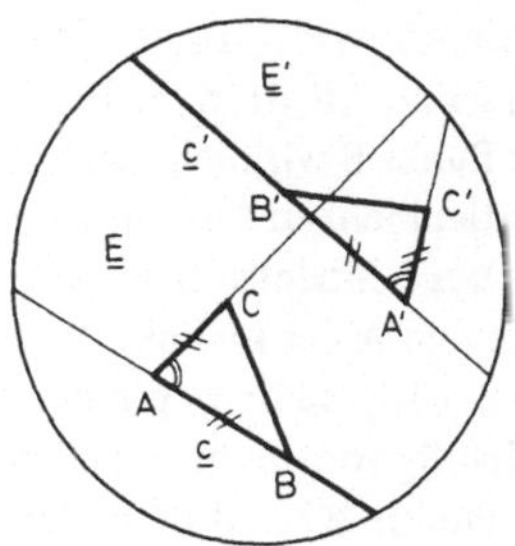

Fig. 3.9

B und wegen $\overline{AC} \equiv_h \overline{A'C'}$ muß dann $H(C) = C'$ sein. Gleichzeitig gelten damit aber auch $\sphericalangle ABC \equiv_h \sphericalangle A'B'C'$, $\sphericalangle ACB \equiv_h \sphericalangle A'C'B'$ und $\overline{BC} \equiv_h \overline{B'C'}$. Damit ist die h-Kongruenz der h-Dreiecke $\triangle ABC$ und $\triangle A'B'C'$ vollständig bewiesen.

Es haben sich also sämtliche Kongruenzaxiome Hilberts in dem eingangs erläuterten Sinn für das h-Modell als wahre Aussagen erwiesen. Um die beiden noch verbleibenden Maßaxiome (Axiome der Stetigkeit) in der gleichen Weise untersuchen zu können, erörtern wir ihren Inhalt zunächst in einer

V o r b e t r a c h t u n g. Wir definieren zunächst die Kleiner-größer-Relation, die für h-Winkel schon mit Definition 2.5 gegeben wurde, nun auch zwischen h-Strecken.

Definition 3.3 Sind $\overline{AB}$ und $\overline{A^*B^*}$ zwei h-Strecken, und läßt sich ein h-Punkt C zwischen A und B so angeben, daß $\overline{AC} \equiv_h \overline{A^*B^*}$ ist, dann heißt die h-Strecke $\overline{A^*B^*}$ k l e i n e r als $\overline{AB}$ (in Zeichen $\overline{A^*B^*} < \overline{AB}$) und $\overline{AB}$ g r ö ß e r als $\overline{A^*B^*}$ (in Zeichen: $\overline{AB} > \overline{A^*B^*}$).

Diese Definition gestattet es, zwei beliebige h-Strecken $\overline{AB}$ und $\overline{A^*B^*}$ „qualitativ" miteinander zu vergleichen. Bilden wir nämlich durch eine h-Bewegung die durch A festgelegte h-Halbgerade, die B enthält, auf die entsprechende durch A^* festgelegte h-Halbgerade ab, so sind drei Fälle möglich:

1. Das Bild B' von B liegt zwischen A^* und B^*; dann gilt nach obiger Definition $\overline{AB} < \overline{A^*B^*}$.

2. $B' = B^*$; dann gilt $\overline{AB} \equiv_h \overline{A^*B^*}$,

3. B^* liegt zwischen A^* und B'; dann gilt $\overline{AB} > \overline{A^*B^*}$.

Um diesen qualitativen Vergleich (z. B. $\overline{AB} < \overline{A^*B^*}$) auch „quantitativ" — also durch eine Zahlenangabe — zu erfassen, geht man bekanntlich in der Regel so vor, daß man die kleinere Strecke ($\overline{AB}$) so oft kongruent auf der größeren ($\overline{A^*B^*}$) — mit $A = A^*$ — abträgt, bis nach n-maliger Abtragung entweder der Punkt B^* „genau getroffen" wird, dann sagen wir, $\overline{A^*B^*}$ ist das n-fache der Strecke $\overline{AB}$ ($n \in \mathbf{N}$); oder aber der Punkt B^* wird „verfehlt". Dann läßt sich feststellen, daß $\overline{A^*B^*}$ größer als das $(n-1)$-fache, aber kleiner als das n-fache der Strecke $\overline{AB}$ ist. Durch eine fortgesetzte Unterteilung der Strecke $\overline{AB}$ (im täglichen Leben teilt man dekadisch; hier ist eine ständige Halbierung sinnvoller, weil deren eindeutige Ausführbarkeit nach Abschn. 2.3.6 gesichert ist) läßt sich dann eine positive reelle Zahl k (mit $n - 1 < k < n$) so bestimmen, daß wir sagen können: Die Strecke $\overline{A^*B^*}$ ist das k-fache der Strecke $\overline{AB}$. Dieses übliche Verfahren, das auch wir anwenden wollen, setzt jedoch voraus, daß es — wie im Axiom V 1 gefordert wird — zu der Teilstrecke $\overline{AA_1}$ einer Strecke $\overline{AB}$ ein Vielfaches gibt, das größer als $\overline{AB}$ ist; d. h., daß durch fortgesetzte kongruente Abtragung der Strecke $\overline{AA_1}$ der Punkt B wirklich „erreicht" wird. Daß diese Forderung keine „naturgegebene Selbstverständlichkeit" ist, erkennt man leicht durch die folgende euklidische Betrachtung unseres h-Modells: Sind $\overline{AA_1}$ eine beliebige h-Strecke, B^* der Randpunkt, zwischen dem und A der h-Punkt A_1 liegt, und B_1^* ein Punkt auf der Verlängerung von $\overline{AA_1}$ (Fig. 3.10), so ist wegen der Automorphie der h-Bewegungen klar, daß durch eine noch so häufig vorgenommene h-kongruente Abtragung der h-Strecke über A_1 hinaus niemals die Punkte B^* und B_1^* in der beschriebenen Weise „erfaßt" werden können, weil man

dabei stets im Inneren des Einheitskreises bleibt. Man sagt in diesem Falle, daß sich die
Strecken $\overline{AA_1}$ und $\overline{AB^*}$ (bzw. $\overline{AB_1^*}$) zueinander „nicht-archimedisch" verhalten, und
meint damit, daß sie nicht das „archimedische" Axiom V 1 erfüllen.

B

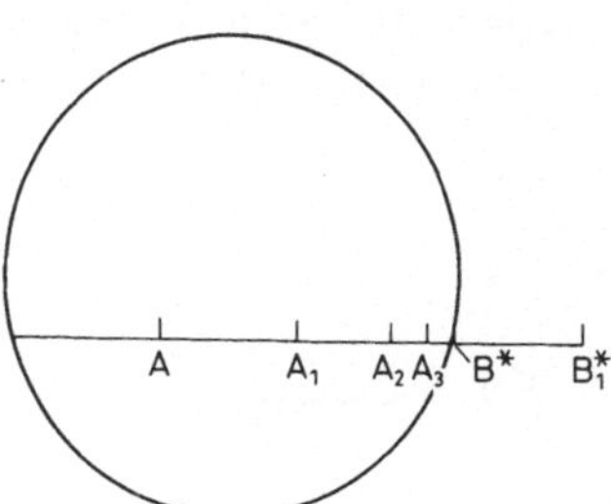

Fig. 3.10

Wir werden im folgenden zeigen, daß bei Beschränkung auf das Innere des Einheitskreises dieses Axiom erfüllt ist. Damit ist dann nachgewiesen, daß es zu zwei h-Strecken
$\overline{AA_1}$ und $\overline{AB}$ stets eine reelle Zahl k so gibt, daß $\overline{AB}$ das k-fache von $\overline{AB}$ ist, sich also
jede h-Strecke mit einer beliebigen Teilstrecke von ihr „ausmessen" läßt. (Entsprechen-
des gilt dann auch für Winkel.) Hingegen ist damit noch nicht gesichert, daß es bei gegebener h-Strecke $\overline{AB}$ zu jeder positiven reellen Zahl k auch eine h-Strecke $\overline{AA_1}$ so gibt,
daß $\overline{AB}$ das k-fache dieser Teilstrecke ist!

Um das einzusehen genügt z. B. die Vorstellung eines e*-Modells, das aus der euklidischen Ebene dadurch hervorgeht, daß nur jene Punkte dieser Ebene als zur e*-Geometrie
gehörend angesehen werden, deren kartesische Koordinaten rationale Zahlen sind. Dann
wäre (bei der üblichen euklidischen Kongruenzrelation) zwar Axiom V 1 erfüllt (vgl.
Aufgabe 3.3), doch gäbe es zu der reellen Zahl k = $\sqrt{2}$ zwischen den e*-Punkten
A (0; 0) und B (1; 0) keinen e*-Punkt A_1 so, daß die e*-Strecke $\overline{AB}$ das k-fache der
Strecke $\overline{AA_1}$ wäre. Die Koordinaten von A_1 ($\sqrt{2}/2$; 0) wären nicht mehr rational und
A_1 damit kein e*-Punkt!

Erst das Axiom V 2 gibt die Gewähr dafür, daß zwischen den Punkten keine „Lücken"
wie im e*-Modell auftreten. Damit wird es uns möglich sein (vgl. Kapitel 5), nicht nur
jeder h-Strecke eindeutig eine positive reelle Zahl L_h als Maßzahl ihrer Länge zuzuord-
nen, sondern auch zu jeder positiven Zahl L_h eine h-Strecke dieser Länge anzugeben.

Nach diesen Vorüberlegungen zeigen wir nun die G ü l t i g k e i t   d e r   S t e t i g -
k e i t s a x i o m e .

Satz 3.12 Das Axiom V 2 ist im h-Modell erfüllt.

B e g r ü n d u n g. Das Axiom enthält lediglich Aussagen über die Zwischenbeziehung
kollinearer Punkte und gilt in der euklidischen Ebene. Da die Zwischenbeziehung von
h-Punkten (gemäß Abschn. 2.2) lediglich durch Einschränkung des Definitionsbereiches
auf das Innere des Einheitskreises mit der euklidischen Zwischenbeziehung erklärt wurde,
gilt das Axiom auch in dieser Teilmenge der euklidischen Ebene.

Die Erfüllung des Axioms V 1 im h-Modell zeigen wir mit Hilfe von Eigenschaften des
Doppelverhältnisses.

B **Satz 3.13** Die zu einer beliebigen h-Strecke $\overline{AB}$ gehörigen Randpunkte U und V lassen sich stets so anordnen, daß (ABUV) > 1 gilt.

B e w e i s. Sei $\overline{AB}$ eine beliebige h-Strecke auf der h-Geraden a. A legt auf a zwei h-Halbgeraden fest, von denen jene, die B enthält mit $\underline{a}$, ihr zugehöriger Randpunkt mit U, der andere Randpunkt mit V bezeichnet werden mögen (Fig. 3.11).

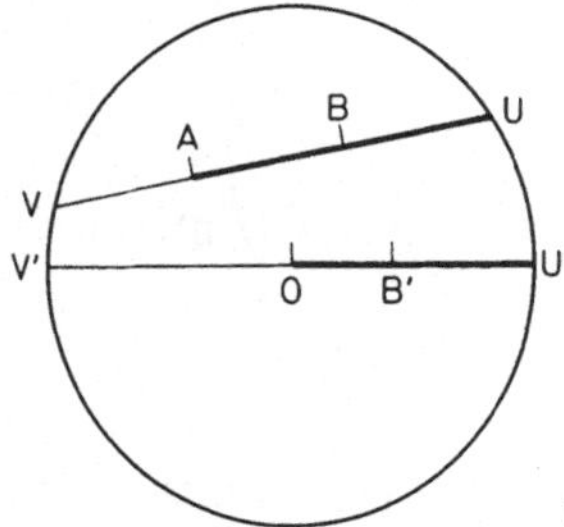

Fig. 3.11

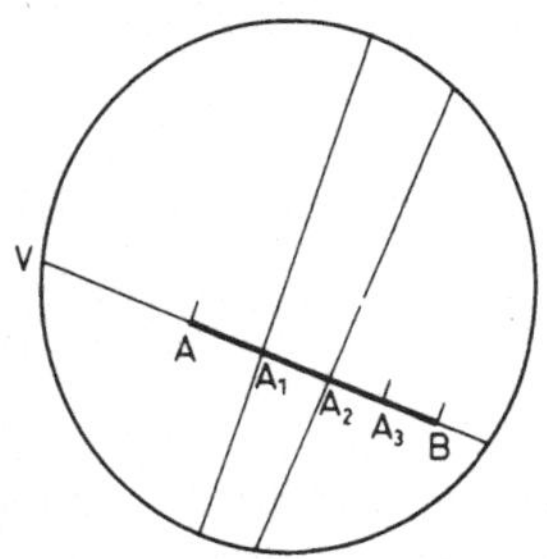

Fig. 3.12

Nach dem Fahnensatz gibt es eine h-Bewegung H, die die h-Halbgerade $\underline{a}$ so in den (durch $(-1; 0)$ und $(1; 0)$ bestimmten) Durchmesser des Einheitskreises abbildet, daß H (A) = 0 (0; 0) und H (U) = U′ (1; 0) gilt. Für die Bildpunkte von V und B gilt dann V′ $(-1; 0)$ und B′ (x; 0) mit 0 < x < 1. Wegen der Invarianz des Doppelverhältnisses erhalten wir

$$(ABUV) = \delta = (OB'U'V').$$

Mit Formel (1.7) berechnet sich δ zu

$$\delta = \frac{1}{1-x} \cdot \frac{-1-x}{-1} = \frac{1+x}{1-x}.$$

Aus 0 < x < 1 folgt δ > 1.

Hingegen erhalten wir für $\delta' = (ABVU) = (OB'V'U')$ in Übereinstimmung mit Teil c) aus Satz 1.7 $\delta' = 1/\delta < 1$.

Definition 3.4 Eine h-Strecke $\overline{AB}$, deren zugehörige Randpunkte so mit U und V bezeichnet wurden, daß (ABUV) > 1 gilt, nennen wir n o r m a l - g e r i c h t e t.

Satz 3.14 Sind A, B, C drei kollineare h-Punkte, so daß B zwischen A und C liegt, und U und V die zugehörigen Randpunkte, dann gilt (ABUV) · (BCUV) = (ACUV).

„Die Doppelverhältnisse multiplizieren sich bei Streckenaddition."

B e w e i s. Nach Definition gilt

$$(ABUV) = \frac{|\overline{AU}|}{|\overline{BU}|} \cdot \frac{|\overline{BV}|}{|\overline{AV}|} \quad \text{und} \quad (BCUV) = \frac{|\overline{BU}|}{|\overline{CU}|} \cdot \frac{|\overline{CV}|}{|\overline{BV}|}.$$

Wir rechnen aus:

$$(ABUV) \cdot (BCUV) = \frac{|\overline{AU}|}{|\overline{BU}|} \cdot \frac{|\overline{BV}|}{|\overline{AV}|} \cdot \frac{|\overline{BU}|}{|\overline{CU}|} \cdot \frac{|\overline{CV}|}{|\overline{BV}|} = \frac{|\overline{AU}|}{|\overline{CU}|} \cdot \frac{|\overline{CV}|}{|\overline{AV}|} = (ACUV).$$

F o l g e r u n g e n aus Satz 3.14. 1. Das Doppelverhältnis einer normal-gerichteten
h-Strecke mit ihren Randpunkten ist stets größer als das jeder ihrer Teilstrecken.
2. Gilt für zwei normalgerichtete h-Strecken $\overline{AB}$ und $\overline{AC}$ (ABUV) > (ACUV) und sind
A, B und C kollinear, dann liegt C zwischen A und B.

Satz 3.15 Jede h-Strecke erfüllt das Axiom V 1.

B e w e i s. Nach Satz 3.13 läßt sich jede h-Strecke $\overline{AB}$ normal-richten, so daß (ABUV) =
$\delta^* > 1$ gilt, wenn U und V die entsprechenden Randpunkte sind. Ist jetzt A_1 ein beliebiger h-Punkt zwischen A und B, dann lassen sich (z. B. durch fortgesetzte Polarenspiegelungen an den in A_i (i = 1, . . . , n − 1) auf $\overline{AB}$ errichteten h-Orthogonalen
(Fig. 3.12)) n − 1 h-Punkte $A_2, \ldots, A_n$ so bestimmen, daß die h-Strecken $\overline{AA_1}$,
$\overline{A_1 A_2}, \ldots, \overline{A_{n-1} A_n}$, zu denen die Randpunkte U und V der gegebenen h-Strecke
$\overline{AB}$ gehören, alle normalgerichtet und zueinander h-kongruent sind. Für das Doppelverhältnis $(AA_1 UV) = \delta$ gilt nach

Satz 3.13 $\delta > 1$, und nach Satz 3.14 folgt für $(AA_n UV)$

$$(AA_n UV) = (AA_1 UV)^n = \delta^n ;$$

d. h., zu dem Doppelverhältnis δ^* der h-Strecke $\overline{AB}$ läßt sich zu jedem A_1, das zwischen
A und B liegt, stets eine natürliche Zahl n so finden, daß $\delta^* < \delta^n$ gilt. Nach Folgerung 2
aus Satz 3.14 liegt dann B zwischen A und A_n, d. h., daß Axiom V 1 erfüllt ist (vgl. [3]).

3.5 Die absolute Geometrie

Wir sind nunmehr in der Lage, unsere zu Beginn dieses Kapitels gestellte Frage nach
dem Unterschied zwischen der Geometrie im h-Modell und der in der euklidischen
Ebene umfassend und begründend zu beantworten.

Wie wir nachgewiesen haben, gelten von den Hilbertschen Axiomen der ebenen Geometrie in unserer h-Welt alle Axiome der Verknüpfung (I 1 bis I 3), der Anordnung
(II 1 bis II 4), der Kongruenz (III 1 bis III 5) und der Stetigkeit (V 1 und V 2); lediglich
das Axiom der Parallelen (IV) ist nicht erfüllt. Nach den in Abschn. 3.1 getroffenen
Feststellungen und den Bemerkungen zum Hilbertschen Axiomensystem (Abschn. 3.2)
müssen damit alle jene geometrischen Aussagen, zu deren Beweis nur die 14 Axiome
(von insgesamt 15) nötig sind, die im h-Modell gelten, in dieser h-Welt genau so „wahr"
sein wie in der euklidischen Ebene. Das sind genau die Sätze, die wir zu Beginn von
Abschn. 3.1 zur Klasse I zusammenfassen wollten.

Hingegen können wir von den Sätzen der Kategorie II sagen, daß zu ihrem Beweis an
irgendeiner Stelle entweder das Axiom IV selbst − wie bei der Umkehrung des 1. Strahlensatzes gezeigt − oder aber ein Satz benutzt werden muß, zu dessen Beweis seinerseits
auf dieses Axiom zurückgegriffen wird. Und schließlich lassen sich auch die Sätze unserer
Klasse III charakterisieren: Zum Nachweis dieser Sätze wird die Rolle, die das Axiom
IV bei den Sätzen der Kategorie II spielt, von dem „Parallelenaxiom der h-Welt" (IV_h)
übernommen:

A IV$_h$. (h - A x i o m) Es sei a eine beliebige h-Gerade und A ein h-Punkt außerhalb a; dann gibt es mindestens zwei (verschiedene) h-Geraden, die beide durch A verlaufen und a nicht schneiden.

Aus historischen Gründen nennt man die Gesamtheit der geometrischen Aussagen, die in unsere Kategorie I gehören, die a b s o l u t e G e o m e t r i e, und entsprechend die Hilbertschen Axiome ohne das Axiom IV das A x i o m e n s y s t e m d e r a b - s o l u t e n G e o m e t r i e. Es läßt sich also auffassen als die Schnittmenge aus dem Axiomensystem für die euklidische Ebene und dem unserer h-Welt.

Fig. 3.13 stellt den Zusammenhang der Axiome und Sätze der euklidischen Ebene, der absoluten Geometrie der Ebene und unserer h-Welt graphisch dar.

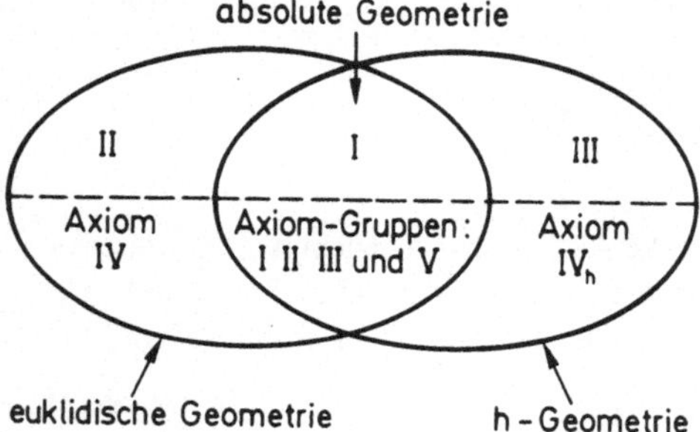

Fig. 3.13

Die Antwort auf unsere „Kernfrage" läßt sich also kurz so formulieren: „Alle geometrischen Aussagen, zu deren Beweis nur die Axiome der absoluten Geometrie benötigt werden, gelten in der h-Welt wie bei uns. Unterschiedliche Sätze der h-Welt können „nur" dann auftreten, wenn zu ihrem Beweis statt des Axioms IV das Axiom IV$_h$ benutzt werden muß."

Außerdem zeigen die in Abschn. 3.3 und 3.4 bewiesenen Sätze, daß sich die h-Geometrie mit den Axiomgruppen I, II, III, IV$_h$ und V prinzipiell in analoger Weise a x i o m a - t i s c h aufbauen ließe wie die euklidische Geometrie mit Hilfe der Hilbertschen Axiome.

Während wir uns im folgenden natürlich besonders für die Abweichungen von der euklidischen Geometrie interessieren werden, sollen hier kurz einige wichtige Sätze der absoluten Geometrie angeführt werden, auf die wir uns also auch in der h-Geometrie „stützen" können.

Satz 3.16 a) Alle Kongruenzsätze für Dreiecke, die in der euklidischen Geometrie gelten.

Der Satz „SWS" wurde mit Satz 3.11 bewiesen; darüber hinaus sind auch die Fälle „SWW", „SSS" und „SSW" gültig.

b) Bilden zwei verschiedene Geraden mit einer dritten Geraden gleiche Wechselwinkel, dann schneiden sie sich nicht.

c) Trifft eine Gerade die Seite $\overline{AB}$ eines Dreiecks $\triangle ABC$ und keine von dessen Ecken, dann trifft sie auch noch genau eine weitere Dreiecksseite.

A

d) Jeder Außenwinkel eines Dreiecks ist größer als jeder ihm nicht benachbarte Innenwinkel.

e) Im Dreieck kann höchstens ein Winkel nicht spitz sein.

Dabei heißt ein Winkel spitz, wenn er kleiner als ein rechter ist.

f) Im spitzwinkligen Dreieck liegt jede Höhe innerhalb des Dreiecks, im nicht spitzwinkligen die vom größten Winkel ausgehende.

g) Die drei Halbierungslinien der Winkel eines Dreiecks schneiden sich in einem Punkt innerhalb des Dreiecks.

h) Im Dreieck liegt der größeren von zwei Seiten der größere Winkel gegenüber und dem größeren von zwei Winkeln die größere Seite.

i) Die Summe von zwei Dreiecksseiten ist größer als die dritte Dreiecksseite (D r e i e c k s u n g l e i c h u n g).

Aufgaben

B

3.1 Gegeben sei folgendes Modell: „Punkte" sind die 4 Wörter AMT, DOM, ORT, RAD; „Geraden" sind die 6 Buchstaben A, D, M, O, R, T. Eine „Gerade" gehört zu einem „Punkt", wenn der Buchstabe in dem Wort vorkommt.

a) Man zeige durch Erfassen aller möglichen Fälle, daß die Hilbertschen Axiome der Verknüpfung (I 1 bis I 3) erfüllt sind.

b) Man definiere das „Sich-Schneiden" zweier „Geraden" so, daß auch das Hilbertsche Axiom IV erfüllt ist (vgl. [10]).

3.2 Im „Siebeneck-Modell" sind die „Punkte" die Ecken eines regelmäßigen Siebenecks. Ein „Punkt" B liegt „zwischen" den „Punkten" A und C, wenn B auf der (euklidischen) Mittelsenkrechten der Verbindungsstrecke von A und C liegt (in Zeichen ABC).

Die durch die beiden „Punkte" A und B festgelegte „Gerade" ist die Menge aller „Punkte", die mit A und B in irgendeiner Zwischenbeziehung stehen, und A und B selbst. Beispiel (s. Fig. 3.14): Zu A und B gehört die „Gerade", die außer den „Punkten" A und B selbst noch C (wegen ABC), D (wegen ADB) und E (wegen EAB) — aber keinen weiteren „Punkt"! — enthält.

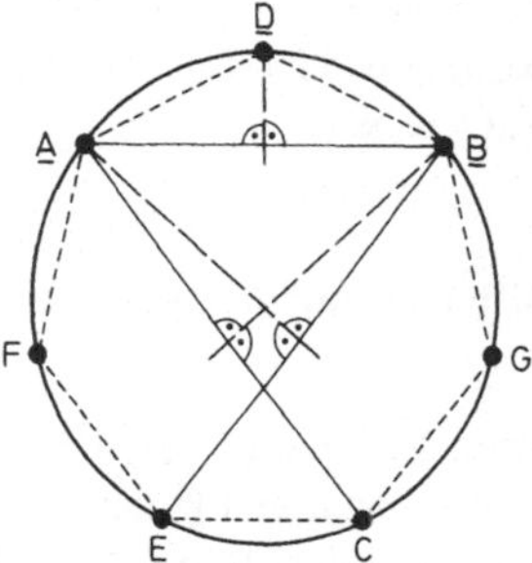

Fig. 3.14

B a) Man gebe alle (bis auf Drehsymmetrie) verschiedenen „Typen" von „Geraden" an.
b) Man prüfe, welche der 7 Hilbertschen Axiome der Verknüpfung und Anordnung
durch dieses Modell erfüllt werden.

3.3 e*-Punkte seien alle Punkte der kartesischen Ebene, deren beide Koordinaten
rational sind, e*-Geraden jene Mengen von e*-Punkten, die auf euklidischen Geraden
liegen.

Man zeige, daß im e*-Modell die Hilbertschen Axiomgruppen I, II, IV und das Axiom V 1
gelten.

3.4 Man weise nach, daß durch die kleiner-Relation von Definition 3.3 eine strenge
Ordnungsrelation (irreflexiv, antisymmetrisch und transitiv) in der Menge aller h-Strek-
ken festgelegt ist.

3.5 Man beweise: Bilden zwei verschiedene h-Geraden mit einer dritten h-Geraden
h-kongruente Stufenwinkel, dann sind sie überparallel.

3.6 Man beweise, daß jeder Außenwinkel eines h-Dreiecks größer ist als jeder ihm
nicht benachbarte Innenwinkel, und gebe an, welche Definitionen und Sätze beim
Beweis benutzt wurden.

4 Abbildungsgeometrie im h-Modell

Die prinzipielle Einsicht, daß sich die h-Geometrie von der euklidischen „nur" im Parallelenaxiom unterscheidet, soll nun dadurch erweitert werden, daß die „Konsequenzen"
dieser Abweichung für den elementaren Geometrie-Unterricht in den hypothetischen
h-Schulen Gegenstand der folgenden Untersuchungen sind. Deshalb wird in diesem
Kapitel der Frage nachgegegangen, ob dieser Geometrieunterricht auch in der Weise
„modern" gestaltet werden kann, daß man ihn „abbildungsgeometrisch" fundiert.

Bekanntlich unterscheiden w i r vier Arten von Kongruenzabbildungen: die Achsenspiegelung, Drehung (Rotation), Schiebung (Translation) und Schubspiegelung. Dabei
bilden alle Schiebungen und Drehungen zusammen, als Menge der gleichsinnigen Kongruenzabbildungen, eine Untergruppe der Kongruenzgruppe. Diese (bisweilen auch
„eigentliche" Bewegungen genannten) lassen sich durch zwei Achsenspiegelungen erzeugen. Da in der h-Welt die h-Bewegungen h-kongruente Bilder vermitteln und durch
Komposition endlichvieler Polarenspiegelungen definiert sind, liegt eine analoge Unter-
gliederung nahe.

4.1 h-Drehung und h-Kreise

Definition 4.1 Sind $\underline{h}, \underline{k}, \underline{\ell}$ drei von einem h-Punkt ausgehende h-Halbgeraden und
liegt $\underline{k}$ zwischen $\underline{h}$ und $\underline{\ell}$, dann bezeichnen wir den h-Winkel $\measuredangle (\underline{h}, \underline{\ell})$ als S u m m e
der beiden h-Winkel $\measuredangle (\underline{h}, \underline{k})$ und $\measuredangle (\underline{k}, \underline{\ell})$.

Von dieser Definition haben wir schon implizit Gebrauch gemacht, z. B. als wir in
Kapitel 2 von der „Verdoppelung" und „Halbierung" von h-Winkeln gesprochen haben.

Definition 4.2 Die Komposition zweier Polarenspiegelungen $S_{g_2} \circ S_{g_1}$ an zwei sich
in einem h-Punkt Z schneidenden h-Geraden g_1 und g_2 heißt h-Drehung D_h um den
h-Punkt Z. Z heißt Zentrum der h-Drehung.

Satz 4.1 Bei einer h-Drehung D_h um das Zentrum Z ist Z Fixpunkt, und für den Bildpunkt $P' = D_h$ (P) eines beliebigen h-Punktes $P \neq Z$ gilt

1. $\overline{P'Z} \equiv_h \overline{PZ}$ und
2. $\sphericalangle PZP' \equiv_h 2\,\alpha$, wenn α der h-Winkel ist, den die beiden h-Halbgeraden g_1 und g_2 in
Z miteinander bilden.

B e w e i s. Da die h-Halbgerade g_1 Fixpunktgebilde bezüglich S_{g_1} ist, wird $\underline{g_1}$ bei D_h
auf eine h-Halbgerade $\underline{g_1}'$ abgebildet, die (vgl. Abschn. 2.3.1) mit ihrem Urbild in Z den
h-Winkel $2\,\alpha$ einschließt. Für jeden h-Punkt $P \in \underline{g_1}$ (D_h ist eine h-Bewegung!) gilt also
die Behauptung (Entsprechendes gilt für die andere durch Z festgelegte h-Halbgerade
von g_1.) Ist $P \notin g_1$, so ist mit P und einem beliebigen h-Punkt L auf g_1 ein h-Dreieck
$\triangle ZLP$ gegeben, dessen Bild $\triangle ZL'P'$ (wegen $L' \in \underline{g_1}'$, $\overline{LZ} \equiv_h \overline{LZ'}$ und der gleichsinnigen
h-Kongruenz) eindeutig festgelegt ist (Fig. 4.1). Aus $\sphericalangle LZP \equiv_h \sphericalangle L'Z'P'$ folgt damit (wegen
$\sphericalangle (\underline{g_1}, \underline{g_2}) \equiv_h \sphericalangle (\underline{g_2}, \underline{g_1}'))\ \sphericalangle PZP' \equiv_h \sphericalangle LZL'$.

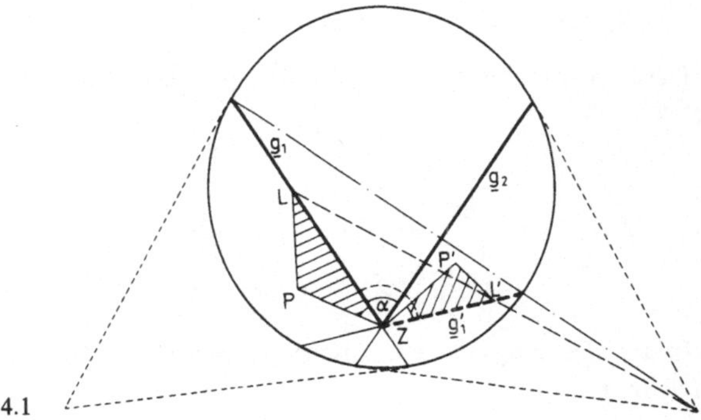

Fig. 4.1

S p e z i a l f a l l. Schneiden sich die h-Geraden g_1 und g_2 im Mittelpunkt 0 des Einheitskreises, so sind die Polarenspiegelungen S_{g_1} und S_{g_2} mit den euklidischen Achsenspiegelungen an diesen h-Geraden identisch, und die h-Drehung D_h ist eine gewöhnliche
Drehung um den (euklidischen) Drehwinkel $\sphericalangle 2 \cdot (\underline{g_1}, \underline{g_2})$.

Bezüglich der h-Drehungen lassen sich nun die folgenden, aus dem Euklidischen bekannten, Aussagen unmittelbar übertragen:

Vertauscht man die Reihenfolge der die h-Drehung D_h definierenden Polarenspiegelungen, so erhält man eine h-Drehung D_h^{-1} um Z, deren Drehwinkel den von D_h zum Vollwinkel ergänzt. Die Komposition zweier h-Drehungen um Z mit den h-Winkeln α und β
ist wieder eine h-Drehung um Z mit dem Drehwinkel $\alpha + \beta$. Sieht man h-Winkel, die sich

B lediglich um ein ganzzahliges Vielfaches des Vollwinkels unterscheiden, als h-kongruent und die identische Abbildung I als h-Drehung um den Vollwinkel an, so gilt

Satz 4.2 Die Menge aller h-Drehungen um denselben h-Punkt Z bildet bezüglich ihrer Komposition als Verknüpfung eine abelsche Gruppe.

Zur Untersuchung der Fixgebilde bezüglich h-Drehungen definieren wir

Definition 4.3 Sind Z und P zwei verschiedene h-Punkte, dann heißt die Menge aller h-Punkte, deren Verbindungs-h-Strecken mit Z zu der h-Strecke $\overline{PZ}$ h-kongruent sind, ein h - K r e i s. Z heißt Zentrum, $\overline{PZ}$ Radius des h-Kreises.

Nach Satz 4.1 ist jeder h-Kreis mit dem Zentrum Z Fixgebilde bezüglich jeder h-Drehung um Z. In dem Spezialfall, daß Z mit dem Mittelpunkt O des Einheitskreises identisch ist, ist also ein h-Kreis auch ein euklidischer Kreis. Diese Einsicht nützen wir aus, um einen h-Kreis in allgemeiner Lage durch Rechnung und Konstruktion zu erfassen: Seien das Zentrum $Z \neq O$ und ein h-Punkt P eines h-Kreises K_h gegeben. Bei einer Polarenspiegelung an der h-Mittelsenkrechten p der h-Strecke $\overline{OZ}$ wird Z auf O und P auf einen h-Punkt P' des zu K_h h-kongruenten h-Kreis K_e, der ein euklidischer Kreis um O mit dem Radius $\overline{P'O}$ ist, abgebildet. Wir legen jetzt ein kartesisches Koordinatensystem mit Ursprung O dadurch fest, daß Z auf der positiven x-Achse liegt. Bezeichnen wir die h-Strecke $\overline{OP'}$ mit r, dann erhalten wir die Gleichung des h-Kreises um Z, indem wir auf die Gleichung des Kreises K_e

$$K_e: \quad x'^2 + y'^2 = r^2 \qquad \text{mit } 0 < r < 1$$

die Transformationsgleichungen (1.2) der speziellen Polarenspiegelung an p anwenden. Es ergibt sich

$$K_h: \quad \frac{\left(x - \dfrac{2u(1-r^2)}{u^2 - 4r^2}\right)^2}{\dfrac{r^2 v^4}{(u^2 - 4r^2)^2}} + \frac{y^2}{\dfrac{r^2 v^2}{u^2 - 4r^2}} = 1. \tag{4.1}$$

Das ist die Gleichung einer euklidischen, nach rechts verschobenen, Ellipse mit dem Mittelpunkt

$$M = \left(\frac{2u(1-r^2)}{u^2 - 4r^2} ; 0\right)$$

und den Achsen

$$a = \frac{rv^2}{u^2 - 4r^2} \quad \text{und} \quad b = \frac{rv}{\sqrt{u^2 - 4r^2}}.$$

Für das Zentrum Z des h-Kreises in allgemeiner Lage ergibt sich (als Bild von $0\,(0;0)$)

$$Z\left(\frac{2}{u} ; 0\right).$$

(Fig. 4.2 zeigt diese beiden h-Kreise mit den Zahlenwerten $u = 2{,}9$ und $r = 1/2$.)

Wir stellen fest, daß ein h-Kreis in allgemeiner Lage aus unserer Perspektive eine euklidische Ellipse ist. Die Verlängerung ihrer kurzen Achse geht durch den Mittelpunkt
des Einheitskreises. Das Zentrum Z des h-Kreises ist nicht mit dem (euklidischen)
Mittelpunkt der Ellipse identisch, sondern auf der kurzen Achse zum Rand des Einheitskreises hin verschoben.

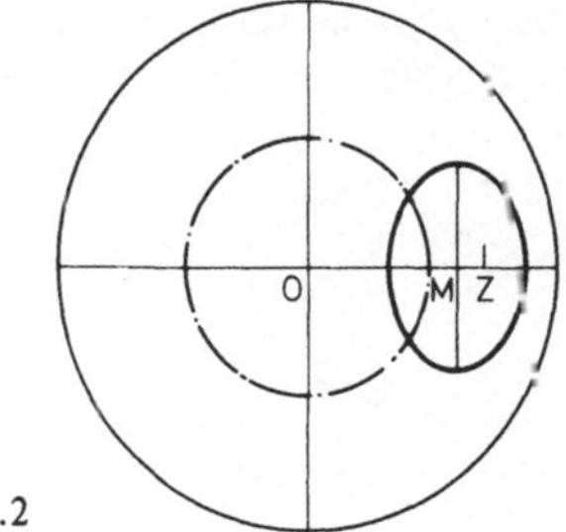

Fig. 4.2

Zur Konstruktion eines h-Kreises: Sind die h-Punkte Z (als Zentrum) und P (als Punkt)
eines h-Kreises gegeben, so läßt sich – z. B. durch Polarenspiegelung an den h-Winkelhalbierenden des h-Winkels $\sphericalangle$ PZO und seines Nebenwinkels – die h-Strecke $\overline{ZP}$ h-kongruent von Z aus nach beiden Seiten auf der durch Z und 0 bestimmten h-Geraden ab-
tragen. Damit ist die kurze Achse der Ellipse festgelegt. Mit einem Punkt (P) und einer
Achse lassen sich anschließend mit Hilfe der bekannten Konstruktionsverfahren noch
beliebig viele andere Ellipsenpunkte finden. Zeichnerisch ist also ein h-Kreis nur punktweise zu fixieren und daher – im Gegensatz zum Kreis in der euklidischen Ebene – als
Hilfsmittel für elementare Konstruktionen nicht geeignet.

4.2 h-Punktspiegelung und spezielle h-Vierecke

Definition 4.4 Eine h-Drehung D_h^Z, die durch zwei Polarenspiegelungen an zueinander
h-orthogonalen h-Geraden erzeugt wird, heißt h - P u n k t s p i e g e l u n g. Der Schnittpunkt Z der beiden h-Orthogonalen heißt Z e n t r u m der h-Punktspiegelung D_h^Z.

Aus Satz 4.1 folgt unmittelbar

Satz 4.3 a) Z ist Fixpunkt bezüglich D_h^Z.
b) Der Bildpunkt P' eines beliebigen h-Punktes $P \neq Z$ ist der Endpunkt der über Z
hinaus um sich selbst verlängerten h-Strecke $\overline{PZ}$ (vgl. Abschn. 2.3.5).
c) Alle h-Geraden durch Z sind Fixgeraden bezüglich D_h^Z.
d) Die Reihenfolge der die Punktspiegelung D_h^Z festlegenden Polarenspiegelungen S_{g_1}
und S_{g_2} ist – im Gegensatz zur allgemeinen h-Drehung – beliebig: $S_{g_1} \circ S_{g_2} =$
$S_{g_2} \circ S_{g_1} = D_h^Z$.
e) Jede h-Punktspiegelung ist involutorisch: $D_h^Z \circ D_h^Z = I$.

K o n s t r u k t i o n   v o n   B i l d p u n k t e n. Satz 4.3 ermöglicht eine gegenüber
Abschn. 2.3.5 wesentlich vereinfachte Konstruktion. Das Bild $P' = D_h^Z (P)$ muß auf

B der durch P und Z festgelegten h-Geraden m liegen, da diese Fixgerade ist. Bezeichnen wir die Randpunkte einer zweiten h-Geraden n $\neq$ m durch P mit U und V, so legen die Verbindungsgeraden dieser Randpunkte mit Z jene Randpunkte U$'$ und V$'$ fest (vgl. Fig. 4.3), auf die sie bei D_h^Z abgebildet werden. Das Bild n$'$ = D_h^Z (n) ist durch U$'$ und V$'$ festgelegt und der Schnittpunkt von n$'$ mit m ist P$'$.

Dieses Verfahren zur h-Verdoppelung einer h-Strecke macht die Konstruktion eines Poles überflüssig.

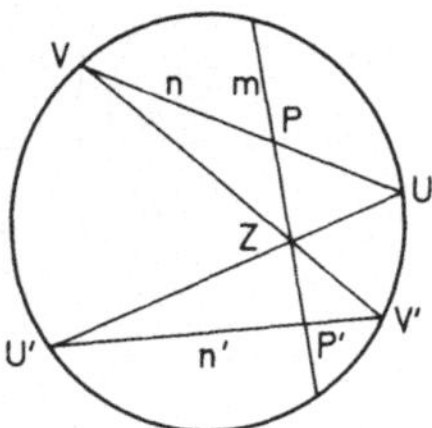

Fig. 4.3

A S p e z i e l l e   h - V i e r e c k e. Wir benutzen die h-Punktspiegelung, um die schon in Kapitel 2 begonnene Suche nach den Analoga von Rechteck und Quadrat in der h-Welt erfolgreicher fortzusetzen. Bei den dort angestellten Überlegungen konzentrierten wir uns „recht oberflächlich" ausschließlich auf die rechten Winkel; und unsere dabei gewonnenen Erkenntnisse legten die Vermutung nahe, die Wanzenkinder müßten auf die ästhetisch befriedigende Betrachtung solcher Vierecke verzichten. Daher nannten wir h-rechtwinklige Polygone auch etwas abwertend „Pseudo-Rechtecke", weil sie zwar die rechten Winkel mit unserem Rechteck gemein haben, jedoch die „schlichte Schönheit" besonders einfacher Symmetrieverhältnisse i. allg. vermissen lassen. Dagegen werden wir nachweisen, daß bei einem typisch abbildungsgeometrischen Auswahlkriterium, durch das der zentrischen Symmetrie die Priorität gegenüber der „Rechtwinkligkeit" eingeräumt wird, die „schönen" Vierecke wie Raute, Rechteck und Quadrat auch in der h-Welt existent sind.

Dazu gehen wir vom Parallelogramm aus. Eine in unseren Schulbüchern häufig verwendete Definition: „Ein Viereck, dessen Gegenseiten paarweise parallel sind, heißt Parallelogramm" ist für die Übertragung ins h-Modell nicht geeignet; denn zur Ableitung der charakteristischen Eigenschaften des Parallelogramms aus dieser Definition muß man sich gerade auf das Parallelenaxiom stützen, von dem wir wissen, daß es in der h-Welt nicht gilt. Wir können daher nicht erwarten, daß h-Vierecke, deren Gegenseiten paarweise h-parallel sind, h-kongruente Gegenseiten und Gegenwinkel besitzen.

B **Definition 4.5** Ein h-Viereck, dessen Diagonalen einander h-halbieren, heißt h - P a r a l l e l o g r a m m.

Aus Satz 4.3 folgt

Satz 4.4 Führt man mit zwei beliebigen h-Punkten A und B an einem dritten (mit A und B nichtkollinearem) h-Punkt Z eine h-Punktspiegelung durch, so ist das entstehende h-Viereck $\square$ABA$'$B$'$ ein h-Parallelogramm (Fig. 4.4).

S p e z i a l f ä l l e. Sind in dem h-Dreieck $\triangle$AZB von Satz 4.4 die Seiten $\overline{AZ}$ und $\overline{BZ}$ h-kongruent bzw. h-orthogonal, so gilt dies trivialerweise auch für die Diagonalen des h-Parallelogramms $\square$ABA'B'.

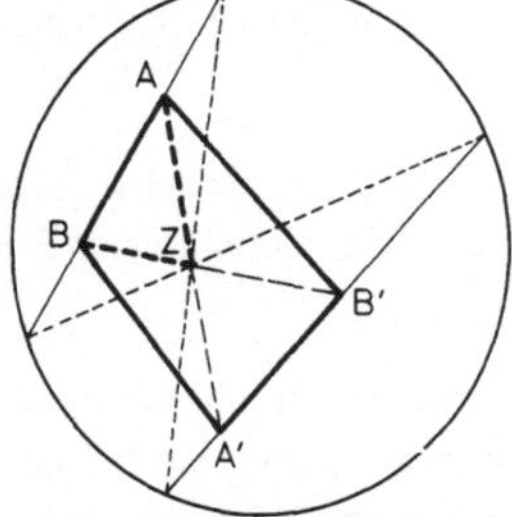

Fig. 4.4 h-Parallelogramm

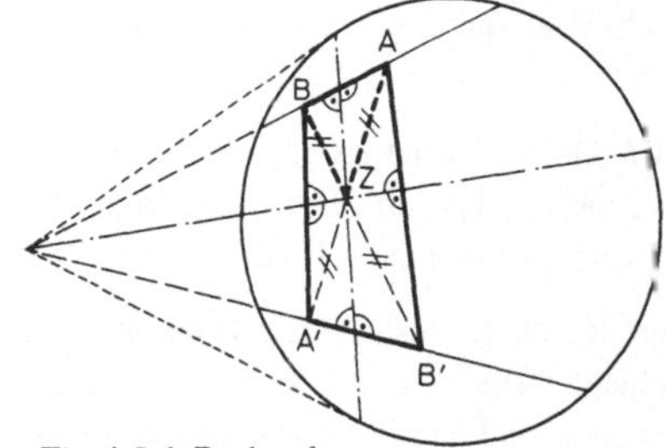

Fig. 4.5 h-Rechteck

Definition 4.6 Ein h-Parallelogramm, dessen Diagonalen zueinander h-kongruent sind, heißt h - R e c h t e c k. Sind die Diagonalen zueinander h-orthogonal, heißt das h-Parallelogramm h - R a u t e. Ein h-Rechteck, das auch h-Raute ist, heißt h - Q u a d r a t

Nach diesen Definitionen sind folgende Eigenschaften unmittelbar einsichtig:

Satz 4.5 Das h - R e c h t e c k besitzt zwei zueinander h-orthogonale Polarenspiegelachsen, deren zugehörige Polarenspiegelungen das h-Rechteck auf sich selbst abbilden. Sie sind jeweils gemeinsame h-Orthogonalen der Gegenseiten und h-halbieren diese. Durch sie wird das h-Rechteck in vier h-kongruente Spitzecke zerlegt, d. h., alle vier Winkel in den Ecken sind untereinander h-kongruent, jedoch nach Satz 2.9 keine h-Rechte. Jede Polarenspiegelachse zerlegt ein h-Rechteck in zwei h-Vierecke, die „gleichschenklig-rechtwinklige h-Trapeze" sind[1] (Fig. 4.5).

Satz 4.6 Die h - R a u t e besitzt zwei zueinander h-orthogonale Polarenspiegelachsen. Sie sind durch die Diagonalen festgelegt und h-halbieren die h-Winkel in den Ecken. Durch sie wird die h-Raute in vier h-kongruente h-rechtwinklige Dreiecke zerlegt; d. h., alle vier Seiten sind zueinander h-kongruent (Fig. 4.6).

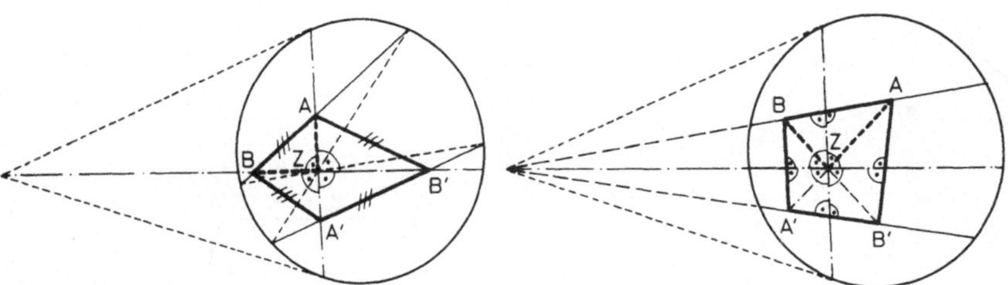

Fig. 4.6 h-Raute

Fig. 4.7 h-Quadrat

---

[1] In der Literatur werden solche h-Vierecke meist „Saccheri-Vierecke" genannt; nach einem scharfsinnigen Jesuitenpater, der — in dem vergeblichen Bemühen, das Parallelenaxiom zu beweisen — schon Anfang des 18. Jahrhunderts wichtige Gesetzmäßigkeiten einer nichteuklidischen Geometrie nachwies.

B Es fällt auf, daß – wie im Euklidischen auch – bezüglich der h-Kongruenz und h-Halbierung die Rolle der Seiten und Winkel in den Ecken bei h-Rechteck und h-Raute gerade
„vertauscht" sind. Man spricht von „dualer Entsprechung".

Das h-Quadrat vereinigt nach Definition alle Eigenschaften von h-Rechteck und h-Raute
in sich.

Satz 4.7 Das h - Q u a d r a t hat vier Polarenspiegelachsen, von denen das eine Achsen-
paar die Seiten, das andere die Eckwinkel h-halbiert. Alle vier Seiten und alle vier Eckwinkel sind untereinander h-kongruent (Fig. 4.7).

Mit den Sätzen 4.5 bis 4.7 ist gezeigt, daß alle Symmetrieeigenschaften, die wir im Euklidischen als charakteristisch für diese Viereckstypen ansehen, auch im h-Modell vorhanden sind, und damit die Namensgebungen von Definition 4.6 gerechtfertigt sind.

Zum Test seines „Transfer-Vermögens" kann der Leser die Frage, wie die Definitionen
anderer h-Vierecksarten – wie die des h-Drachens und h-Trapezes – möglichst „über-
setzungstreu" vorzunehmen sind, selbst beantworten (vgl. Aufgabe 4.2).

4.3 h-Translation und Abstandslinien

Definition 4.7 Die Komposition zweier Polarenspiegelungen $S_{g_2} \circ S_{g_1}$ an zwei überparallelen h-Geraden g_1 und g_2 heißt h - T r a n s l a t i o n T_k.

Satz 4.8 a) Die gemeinsame h-Orthogonale k der beiden h-Geraden g_1 und g_2 aus
Definition 4.7 ist Fixgerade bezüglich T_k.
b) Jeder Punkt $P \in k$ erfährt bei T_k eine Verschiebung um eine h-Strecke, die zu der
h-verdoppelten h-Strecke $\overline{L_1 L_2}$ (die ihrerseits durch die Schnittpunkte von k mit g_1
und g_2 festgelegt ist) h-kongruent ist (Fig. 4.8).

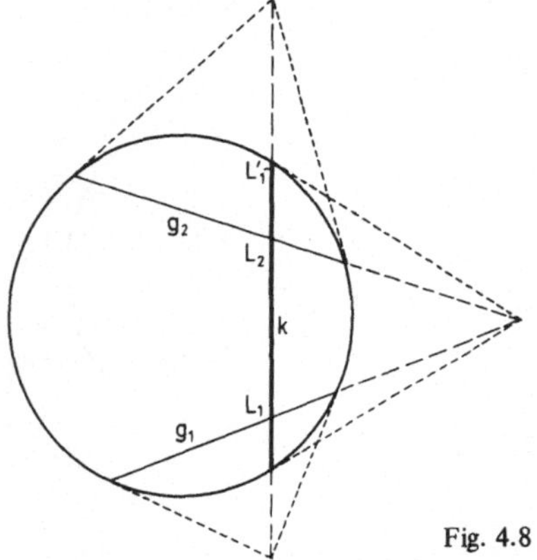

Fig. 4.8

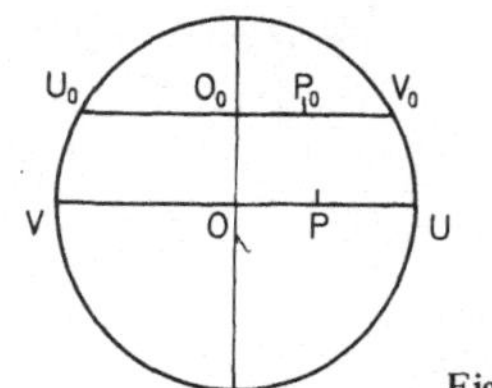

Fig. 4.9

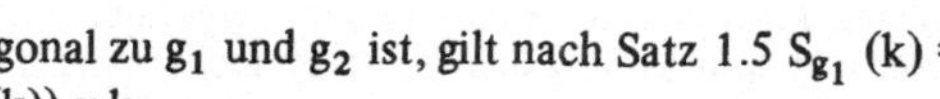

B e w e i s. a) Da k h-orthogonal zu g_1 und g_2 ist, gilt nach Satz 1.5 $S_{g_1}(k) = k$ und
$S_{g_2}(k) = k$; also $S_{g_2}(S_{g_1}(k)) = k$.

b) L_1 ist bei S_{g_1} Fixpunkt; wegen $\overline{L_1 L_2} \equiv_h \overline{L_2 L_1'}$ (mit $L_1' = T_k\,(L_1)$) gilt also die Behauptung für L_1. Ist $P \in k$ mit $P \neq L_1$, so gilt wegen $\overline{PL_1} \equiv_h \overline{P'L_1'}$ (mit $P' = T_k\,(P)$) die Behauptung nach Satz 3.9.

Satz 4.9 Es gibt keinen h-Punkt, der Fixpunkt bezüglich T_k ist.

B e w e i s. Angenommen, es existierte ein solcher Fixpunkt P^*, so muß nach Satz 4.8 b) $P \notin k$ gelten. Das h-Lot von P^* auf k habe den Fußpunkt L^*. Nach Satz 4.8 b) gilt sicher $T_k\,(L^*) \neq L^*$. Da P^* Fixpunkt bezüglich T_k und T_k eine h-Bewegung ist, müßte also $T_k\,(\overline{P^*L^*}) = \overline{P^* T_k\,(L^*)}$ sein. Wegen der Invarianz der h-Orthogonalität bei h-Bewegungen gäbe es dann von P^* aus zwei verschiedene h-Lote auf k, im Widerspruch zur Eindeutigkeit des h-Lotes.

Obwohl T_k in der h-Ebene keine Fixpunkte besitzt, existieren außer der Fixgeraden k noch andere Fixgebilde. In der euklidischen Ebene sind diese Fixgebilde einer Translation Parallelen zum Schubvektor. Bei der h-Translation sind es die sog. „Abstandslinien".

Definition 4.8 Ist k eine beliebige h-Gerade, so heißt die Menge jener h-Punkte, deren h-Lote auf k zueinander h-kongruent sind, eine A b s t a n d s l i n i e der h-Geraden k.

Wie wir in Kapitel 2 bewiesen haben, können diese Abstandslinien einer h-Geraden k sicher nicht wieder h-Geraden (bzw. h-Geradenpaare) sein. Um ihre Gestalt erfassen zu können, denken wir uns zunächst die h-Gerade k durch eine h-Bewegung so auf die y-Achse gelegt, daß der Fußpunkt L des h-Lotes eines h-Punktes P auf k auf den Mittelpunkt O des Einheitskreises und P auf die positive x-Achse fällt. (Nach dem Fahnensatz ist dies stets möglich.) Aus dieser speziellen Lage gehen wir dann anschließend durch eine Polarenspiegelung (gemäß Kapitel 1) wieder in eine allgemeine Lage über.

Ist P ein beliebiger h-Punkt auf der positiven x-Achse (Fig. 4.9), m sein (euklidischer) Abstand von O, so gilt für das Doppelverhältnis mit den zugehörigen Randpunkten U und V (vgl. B e w e i s zu Satz 3.13).

$$(OPUV) = \frac{1+m}{1-m} \qquad \text{mit } 0 < m < 1.$$

Suchen wir nun auf der zur x-Achse (euklidisch) parallelen Geraden mit dem Abstand y_0 den Punkt $P_0\,(x_0; y_0)$, dessen Lot $\overline{O_0 P_0}$ zu $\overline{OP}$ h-kongruent ist, so muß gelten $(O_0 P_0 U_0 V_0) = (1+m)/(1-m)$. Da U_0 und V_0 Punkte des Einheitskreises sind, erhalten wir als Bedingungsgleichung für x_0 und y_0 mit Formel (1.7)

$$(O_0 P_0 U_0 V_0) = \frac{\sqrt{1 - y_0^2} + x_0}{\sqrt{1 - y_0^2} - x_0} = \frac{1+m}{1-m}$$

d. h. $\quad (1 - m)\,(\sqrt{1 - y_0^2} + x_0) = (1 + m)\,(\sqrt{1 - y_0^2} - x_0)$

und nach Ausrechnung

$$x_0 = m\,\sqrt{1 - y_0^2}$$

B und daraus

$$A_d: \quad \frac{x_0^2}{m^2} + y_0^2 = 1. \tag{4.2}$$

Das ist die Gleichung einer Ellipse in Mittelpunktslage mit den Halbachsen $a = m$ und $b = 1$. Diese Ellipse ist (mit Ausnahme der Randpunkte $(0; 1)$ und $(0; -1)$) die Menge aller h-Punkte, deren h-Lote auf $d: x = o$ zueinander h-kongruent sind, und somit eine Abstandslinie A_d von d.

Durch eine Polarenspiegelung (gemäß Abschn. 1.1) läßt sich die dazu h-kongruente Abstandslinie A_k einer h-Geraden k, die nicht mehr durch 0 verläuft, gewinnen. Wir benutzen dazu die Transformationsgleichungen (1.2) aus Definition 1.2 und erhalten für $k = S_p (d): x' = 2/u$, und für $A_k = S_p (A_d)$ mit (4.2)

$$A_k: \quad \frac{(ux' - 2)^2}{m^2 (2x' - u)^2} + \frac{v^2 y'^2}{(2x' - u)^2} = 1$$

und nach Umformung

$$A_k: \quad \frac{\left(x' - \dfrac{2u(1 - m^2)}{u^2 - 4m^2}\right)^2}{\dfrac{m^2 v^4}{(u^2 - 4m^2)^2}} + \frac{y'^2}{\dfrac{v^2}{u^2 - 4m^2}} = 1 \tag{4.3}$$

Das ist die Gleichung einer nach rechts verschobenen Ellipse mit dem Mittelpunkt

$$M'\left(\frac{2u(1 - m^2)}{u^2 - 4m^2} \; ; 0\right)$$

und den Halbachsen

$$a' = \frac{mv^2}{u^2 - 4m^2} \quad \text{und} \quad b' = \frac{v}{\sqrt{u^2 - 4m^2}}.$$

Fig. 4.10 zeigt eine solche Abstandslinie A_k der h-Geraden k mit ihrem Urbild für die Zahlenwerte $m = 1/2$ und der Polarenspiegelachse $p: x' = 2/5$.

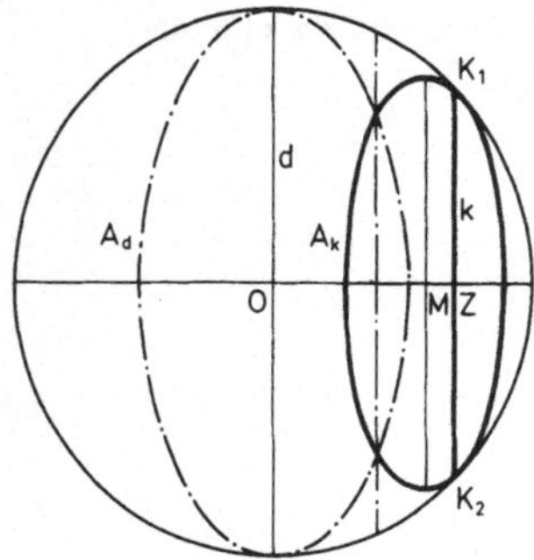

Fig. 4.10

Wie man durch Rechnung überprüft, berührt diese Ellipse den Einheitskreis in den
Punkten

$$K_1 \left(\frac{2}{u} ; + \frac{v}{u} \right) \quad \text{und} \quad K_2 \left(\frac{2}{u} ; - \frac{v}{u} \right) ;$$

die h-Gerade k: $x' = 2/u$ ist die gemeinsame Sehne ihrer Abstandslinie und des Einheitskreises. Wir halten für die Abstandslinie A_k einer h-Geraden k in allgemeiner Lage fest:
A_k ist eine (euklidische) Ellipse, die den Einheitskreis in den beiden Randpunkten der
h-Geraden k berührt. Die Verlängerung ihrer kurzen Achse geht durch den Mittelpunkt
des Einheitskreises; k ist nicht mit der großen Achse identisch, sondern (euklidisch) parallel zu dieser zum Rand hin verschoben.

Z u r   K o n s t r u k t i o n   v o n   A b s t a n d s l i n i e n. Seien eine h-Gerade k in allgemeiner Lage (nicht durch O verlaufend) und ein h-Punkt $P \in A_k$ gegeben. Trägt
man auf dem (euklidischen) Lot von O auf k, von dessen Fußpunkt Z aus nach beiden
Seiten die h-Strecke $\overline{PL}$ — das h-Lot von P auf k — h-kongruent ab, so liegt damit die
kurze Achse der Abstandslinie fest. Zusammen mit P (und den Randpunkten K_1 und
K_2 von k) lassen sich dann nach den bekannten Verfahren noch beliebig viele weitere
Punkte der Abstandslinie konstruieren.

Verläuft k durch O, so ist damit die große Achse schon fest gelegt und die h-kongruente
Abstragung der h-Lote kann entfallen.

Satz 4.10 Bezüglich der h-Translation T_k ist jede Abstandslinie A_k von k Fixgebilde.

B e w e i s. Sei P ein beliebiger Punkt einer Abstandslinie A_k und L der Fußpunkt des
h-Lotes von P auf k. Nach Satz 4.8 gilt T_k (L) $\in$ k. Wegen der Invarianz der h-Orthogonalität bei h-Bewegungen muß auch T_k $(\overline{PL})$ h-Lot auf k sein. Außerdem gilt, da T_k
eine h-Bewegung ist, T_k $(\overline{PL}) \equiv_h \overline{PL}$. Nach Definition 4.8 ist damit T_k (P) wieder Punkt
derselben Abstandslinie A_k von k.

Versieht man die h-Gerade k mit einer Richtung und interpretiert man die identische
Abbildung I als jenen Spezialfall einer h-Translation, bei dem die beiden h-Geraden g_1
und g_2 zusammenfallen, so ist (wie im Euklidischen auch) die h-Translation $T_k' =
S_{g_1} \circ S_{g_2}$ die inverse zu T_k, und es gilt

Satz 4.11 Die Menge aller h-Translationen längs einer festen h-Geraden k bildet bezüglich der Komposition als Verknüpfung eine abelsche Gruppe.

4.4 Grenzdrehung und Horozykel

Während es im Euklidischen nur zwei Arten gleichsinniger Kongruenzabbildungen,
Drehung und Translation, gibt, kommt im h-Modell noch eine weitere hinzu, die sog.
„Grenzdrehung":

Definition 4.9 Die Komposition $S_{g_2} \circ S_{g_1}$ zweier Polarenspiegelungen an den randparallelen h-Geraden g_1 und g_2 mit dem gemeinsamen Randpunkt R heißt Grenzdrehung
G_R.

B Wie bisher wollen wir auch diese spezielle h-Bewegung durch ihre Fixgebilde — so solche vorhanden sind — charakterisieren. Dazu fassen wir die Randparallelität der h-Geraden g_1 und g_2 als zweifachen „Grenzfall" auf: Betrachten wir einerseits einen h-Kreis durch O, dessen Zentrum Z auf der positiven x-Achse liegt, andererseits die durch O verlaufende Abstandslinie A_k jener h-Geraden k durch Z, die zu $\overline{OZ}$ euklidisch senkrecht (und damit auch h-orthogonal dazu) ist, dann ist der h-Kreis Fixgebilde einer h-Drehung D_Z^1 und die Abstandslinie A_k Fixgebilde einer h-Translation T_k^0. Die beiden, nach Definition 4.2 zu D_Z^1 als Achsen der entsprechenden Polarenspiegelungen gehörenden, h-Geraden g_1^1 und g_2^1 schneiden sich in Z, die Verlängerungen jener h-Geraden g_1^0 und g_2^0, die nach Definition 4.7 zu T_k^0 gehören, im Pol K von k (Fig. 4.11)[1]. „Blähen" wir jetzt diese beiden Fixgebilde dadurch „auf", daß wir die Strecke $\overline{OZ}$ über Z hinaus vergrößern, während wir sie uns gleichzeitig im Punkt O „festgenagelt" denken, so bewegen sich die Schnittpunkte Z und K aufeinander zu. Es ist zu vermuten, daß wir dann für $\overline{OZ} = \overline{OV}$ das Fixgebilde der Grenzdrehung G_V erhalten, weil in V die Punkte Z und K bei ihrer Wanderung zusammentreffen.

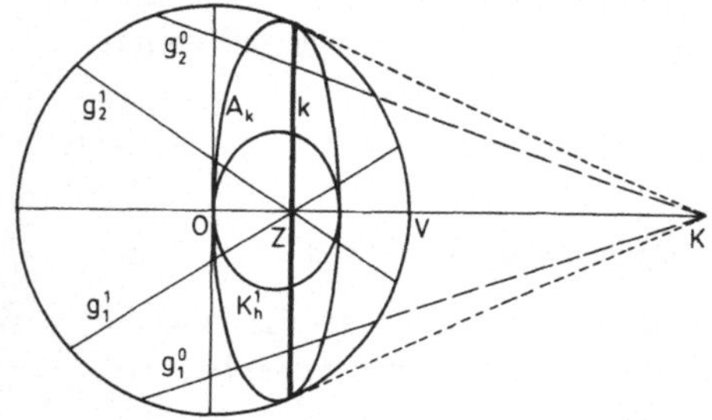

Fig. 4.11

Zur rechnerischen Durchführung dieses Gedankens bestimmen wir zunächst die Gleichungen der beiden Fixgebilde. Aus der Gleichung für K_h aus Gl. (4.1) erhalten wir für $r = z = 2/u$

$$K_h^1:\ \frac{\left(x - \dfrac{\dfrac{4}{z}(1-z^2)}{\dfrac{4}{z^2}-4z^2}\right)^2}{\dfrac{z^2 16(1-z^2)^2}{z^4\left(\dfrac{4}{z^2}-4z^2\right)^2}} + \frac{y^2}{\dfrac{z^2 4(1-z^2)}{z^2\left(\dfrac{4}{z^2}-4z^2\right)}} = 1$$

und nach Umformung

---

[1] Man beachte, daß es nach Definition 4.2 und 4.7 stets u n e n d l i c h v i e l e Paare von h-Geraden derart gibt, daß die Kompositionen ihrer zugehörigen Polarenspiegelungen jeweils d i e s e l b e h-Drehung bzw. h-Translation festlegen!

$$K_h^1: \quad \frac{\left(x - \dfrac{z}{1 + z^2}\right)^2}{\dfrac{z^2}{(1 + z^2)^2}} + \frac{y^2}{\dfrac{z^2}{1 + z^2}} = 1, \tag{4.4}$$

die Gleichung des h-Kreises mit dem Zentrum Z $(z; 0)$, der durch O $(0; 0)$ verläuft. Entsprechend erhalten wir aus der Gleichung für die Abstandslinie (aus Formel (4.3) nach Definition 4.8) für $m = z = 2/u$

$$A_k: \quad \frac{\left(x - \dfrac{\dfrac{4}{z}(1 - z^2)}{\dfrac{4(1 - z^4)}{z^2}}\right)^2}{\dfrac{z^2 \dfrac{(1 - z^2)^2}{z^4}}{\dfrac{(1 - z^4)^2}{z^4}}} + \frac{y^2}{\dfrac{\dfrac{4(1 - z^2)}{z^2}}{\dfrac{4(1 - z^4)}{z^2}}} = 1$$

und nach Vereinfachung

$$A_k: \quad \frac{\left(x - \dfrac{z}{1 + z^2}\right)^2}{\dfrac{z^2}{(1 + z^2)^2}} + \frac{y^2}{\dfrac{1}{1 + z^2}} = 1 \tag{4.5}$$

als Gleichung für die Abstandslinie durch O $(0; 0)$ der h-Geraden k: $x = z$. (Die Ellipsen der Gleichungen (4.4) und (4.5) stimmen in ihrem Mittelpunkt und ihren kurzen Achsen überein.)

Das „Aufblähen" dieser beiden Fixgebilde bei Fixierung im Punkte O bewirken wir nun, indem wir z den Wert 1 annehmen lassen. Wir erhalten aus den Gleichungen (4.4) und (4.5)

$$\frac{\left(x - \dfrac{1}{2}\right)^2}{\dfrac{1}{4}} + \frac{y^2}{\dfrac{1}{2}} = 1 \tag{4.6}$$

Auch dies ist die Gleichung einer Ellipse; sie besitzt den Mittelpunkt M $(1/2; 0)$ und die Halbachsen $a' = 1/2$ und $b' = \sqrt{2}/2$. Sie berührt den Einheitskreis (Fig. 4.12) mit einem ihrer Scheitel in V $(1; 0)$ und zwar so, daß ihr Krümmungskreis in V $(b'^2/a' = 1)$ der Einheitskreis ist. Wir bezeichnen die Ellipse mit der Gleichung (4.6) als „Ur-Horozyklus" und definieren allgemein:

B **Definition 4.10** Eine Ellipse, die den Einheitskreis von innen so berührt, daß der Einheitskreis einer ihrer Scheitelkrümmungskreise ist, heißt H o r o z y k l u s (oder auch Grenzkreis).

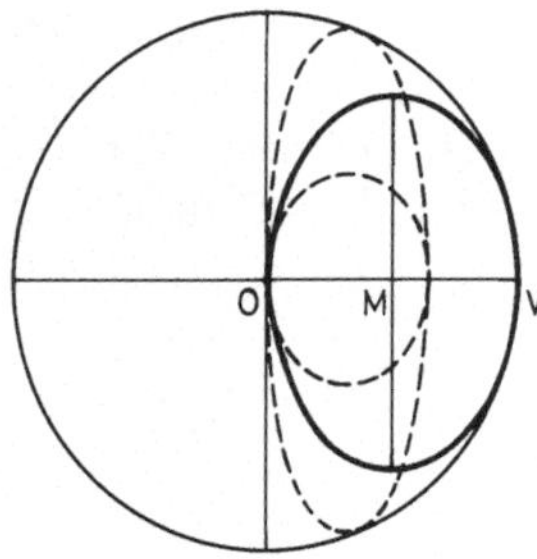

Fig. 4.12

Diese Horozykel haben in der Geschichte der Geometrie das Interesse vieler bedeutender Mathematiker auf sich gelenkt. Für Bolyai waren sie der Ausgangspunkt seiner Arbeiten über die nichteuklidische Geometrie, Gauß nannte sie Parazykel bzw. „Tropen", der Name Horozykel geht auf L o b a t s c h e w s k y zurück. Sie haben z. T. recht merkwürdige Eigenschaften, von denen wir jene, die für die Abbildungsgeometrie im h-Modell wichtig sind, herleiten wollen. Zunächst die etwas überraschende Feststellung:

Satz 4.12 Alle Horozykel sind h-kongruent.

B e w e i s. Wir zeigen, daß sich jeder Horozykel durch eine h-Bewegung auf den „Ur-Horozykel" abbilden läßt. Dazu unterwerfen wir den „Ur-Horozykel" einer h-Translation längs der durch O und V festgelegten h-Geraden: Zunächst wird eine Polarenspiegelung an der durch die y-Achse festgelegten h-Geraden g_0 vorgenommen. Diese Polarenspiegelung ist nach unserer Verabredung mit der euklidischen Spiegelung identisch; die Transformationsgleichungen sind $x' = -x$, $y' = y$. Wir erhalten aus (4.6) die Gleichung des gespiegelten Ur-Horozykels H_u:

$$S_{g_0}(H_u): \quad \frac{\left(x' + \dfrac{1}{2}\right)^2}{\dfrac{1}{4}} + \frac{y'^2}{\dfrac{1}{2}} = 1$$

oder einfacher

$$S_{g_0}(H_u): \quad 2\,x'^2 + 2\,x' + y'^2 = 0.$$

Als zweite Polarenspiegelung nehmen wir die in Kapitel 1 beschriebene (an der Geraden p: x = a mit $0 < |a| < 1$) vor und erhalten

$$S_p(S_{g_0}(H_u)): \quad 2\left(\frac{ux'' - 2}{2\,x'' - u}\right)^2 + 2\,\frac{ux'' - 2}{2\,x'' - u} + \frac{v^2 y''^2}{(2\,x'' - u)^2} = 0$$

und nach Umformung

$$S_p\,(S_{g_0}\,(H_u)):\quad \frac{\left(x'' - \dfrac{u+2}{2\,u}\right)^2}{\left(\dfrac{u-2}{2\,u}\right)^2} + \frac{y''^2}{\dfrac{u-2}{2\,u}} = 1. \tag{4.7}$$

Die Gleichung (4.7) liefert ein Ergebnis, das nicht unmittelbar vorauszusehen war: Das Bild des Ur-Horozykels der Gleichung (4.6) bezüglich einer h-Translation längs seiner kurzen Achse ist wieder ein Horozykel!

B e g r ü n d u n g. 1. Die durch (4.7) beschriebene Ellipse berührt in V (1; 0) den Einheitskreis. 2. Für ihre Halbachsen

$$a'' = \frac{u-2}{2\,u} \qquad \text{und} \qquad b'' = \sqrt{\frac{u-2}{2\,u}}$$

gilt

$$\frac{b''^2}{a''} = 1,$$

d. h., daß der Einheitskreis in V ihr Scheitelkrümmungskreis ist.

Ihr anderer Schnittpunkt mit der x-Achse liegt bei (u/2; 0) (Fig. 4.13). Ist nun ein beliebiger Horozyklus H_W mit dem Randpunkt W gegeben, so läßt sich das Koordinatensystem so legen, daß W die Koordinaten W (1; 0) erhält. Der zweite Schnittpunkt des Horozykels H_W mit (OW) sei Z (z; 0). Die h-Mittelsenkrechte (Fig. 4.14) der h-Strecke $\overline{OZ}$ und die y-Achse legen dann jene h-Translation fest — es ist die zu der eben betrachteten Inverse —, die H_W auf den Ur-Horozykel abbildet. Da nur h-Bewegungen (eine h-Drehung um 0 und eine h-Translation) benutzt wurden, ist damit die Behauptung bewiesen.

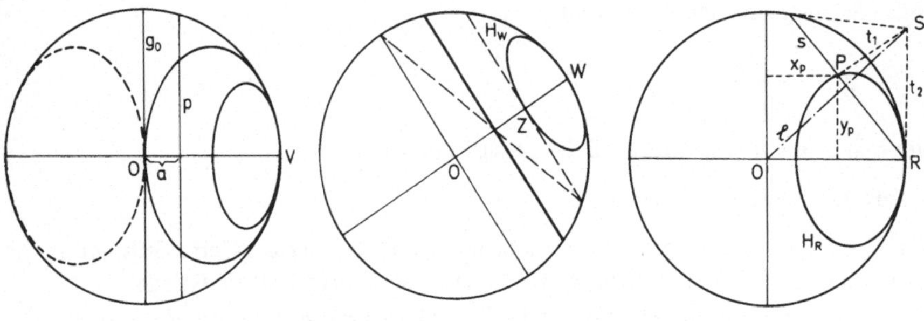

Fig. 4.13   Fig. 4.14   Fig. 4.15

Bezeichnen wir — in Analogie zu Definition 1.1 für den K r e i s — die Berührsehne der von einem Punkt P an eine Ellipse gelegten Tangenten als Polare von P bezüglich dieser E l l i p s e, so läßt sich formulieren:

Satz 4.13 Sind R der Randpunkt eines beliebigen Horozykels H_R und s eine beliebige h-Gerade mit dem Randpunkt R, so ist der Pol von s bezüglich des Einheitskreises auch Pol von s bezüglich des Horozykels H_R.

B e w e i s. Für den Fall, daß s durch 0 verläuft, ist der Satz trivialerweise erfüllt, weil dann die entsprechenden Tangenten parallel sind. Sei $P\,(x_p;\,y_p)$ ein h-Punkt des Horozykels H_R, dessen Gleichung durch (4.7) gegeben sei. Die Gleichung der Ellipsentangente t_1 in P an den Horozyklus H_R ist, wie wir jedem Schulbuch der Analytischen Geometrie entnehmen können, gegeben durch

$$t_1:\quad \frac{\left(x-\dfrac{u+2}{2\,u}\right)\cdot\left(x_p-\dfrac{u+2}{2\,u}\right)}{\left(\dfrac{u-2}{2\,u}\right)^2}+\frac{y\,y_p}{\dfrac{u-2}{2\,u}}=1;$$

die Tangente t_2 in V an H_R ist auch Tangente an den Einheitskreis und besitzt die Gleichung $t_2:\,x=1$ (Fig. 4.15).

Daraus berechnet sich ihr Schnittpunkt $S\,(1;\,y_s)$ mit

$$y_s=\frac{1-x_p}{y_p}\,.$$

Den Pol von s bezüglich des Einheitskreises ermitteln wir als Schnittpunkt des Lotes von 0 auf s mit t_2.

Für

$$s:\quad y=\frac{y_p}{x_p-1}\,(x-1)\qquad (\text{,,Zwei-Punkteform`` mit P und R})$$

lautet die Gleichung des Lotes ℓ von 0 auf s

$$\ell:\quad y=\frac{1-x_p}{y_p}\,x.$$

Für den Schnittpunkt von ℓ mit t_2 mit

$$y_s=\frac{1-x_p}{y_p}$$

ergibt sich $S\,(1;\,y_s)$. Damit ist die Behauptung bewiesen.

Aus Satz 4.13 lassen sich ableiten:

1. F o l g e r u n g: Die Tangente in einem beliebigen h-Punkt P eines Horozykels mit dem Randpunkt R ist h-orthogonal zu der durch P und R festgelegten h-Geraden.

2. F o l g e r u n g: Wegen der Invarianz des Doppelverhältnisses bei Polarenspiegelungen wird jeder Horozyklus bei einer Polarenspiegelung an einer h-Geraden, die mit dem Horozyklus denselben Randpunkt besitzt, auf sich selbst abgebildet.

Satz 4.14 Jeder Horozyklus H_R mit dem Randpunkt R ist Fixgebilde bezüglich jeder Grenzdrehung G_R mit demselben Randpunkt R.

B e w e i s. Sind g_1 und g_2 zwei h-Geraden mit dem gemeinsamen Randpunkt R, dann gilt nach der 2. Folgerung aus Satz 4.13

$$S_{g_1}(H_R) = H_R \qquad \text{und} \qquad S_{g_2}(H_R) = H_R\,;$$

also $\quad S_{g_2}(S_{g_1}(H_R)) = G_R(H_R) = H_R\,.$

Damit hat sich unsere Vermutung, daß sich die Fixgebilde der Grenzdrehung als gemeinsames „Grenzgebilde" der Fixgebilde von h-Drehung und h-Translation ergeben, als richtig erwiesen. Wir halten noch fest:

Satz 4.15 Es gibt keinen h-Punkt, der Fixpunkt bezüglich einer (von der Identität verschiedenen) Grenzdrehung G_R wäre.

B e w e i s. Gäbe es einen solchen Fixpunkt P, dann wäre, da der Randpunkt R ebenfalls Fixpunkt bezüglich G_R ist, wegen der Geradentreue die durch P und R festgelegte h-Gerade f Fixgerade. Bezeichnen wir eine der beiden durch P bestimmten Halbgeraden von f mit $\underline{f}$ und eine der beiden h-Halbebenen mit $\underline{E}$, dann muß, da G_R eine gleichsinnige h-Bewegung ist, die h-Fahne $F = (P, \underline{f}, \underline{E})$ bei G_R auf sich selbst abgebildet werden. Nach Satz 3.5 (Starrheit von h-Fahnen) ist H_R dann aber die Identität.
Entsprechend wie bei der h-Drehung um einen festen h-Punkt bzw. bei h-Translationen längs einer h-Geraden k, läßt sich zeigen:

Satz 4.16 Die Menge aller zu demselben Randpunkt R gehörenden Grenzdrehungen bildet bezüglich ihrer Komposition als Verknüpfung eine abelsche Gruppe.

A p p e n d i x. In der euklidischen Geometrie erweist es sich häufig als sehr zweckmäßig, vom „unendlichfernen Punkt" einer Geraden zu sprechen (vgl. z. B. [6]). So liegt es z. B. nahe, gemäß unserer Verabredung als Pol eines Kreisdurchmessers den gemeinsamen „unendlichfernen Punkt" der parallelen Kreistangenten zu bezeichnen. In analoger Weise nennt man bisweilen auch eine Gerade einen „Kreis mit unendlich großem Radius". Diese, im Euklidischen durchaus vertretbaren, Sprechweisen sind für unsere hypothetischen Wanzen jedoch völlig abwegig; denn wenn sie von einem Kreis mit „unendlich großem Radius" reden sollten, meinen sie natürlich keine h-Gerade sondern einen Horozyklus. (Entsprechend dieser Vorstellung haben wir den Horozyklus der Gleichung (4.6) auch erzeugt.) Eine h-Gerade hat für sie auch nicht e i n e n „unendlichfernen Punkt", sondern zwei, nämlich die beiden Randpunkte der h-Geraden. (Von einem Punkt P, der nicht auf dieser h-Geraden liegt, lassen sich diese Randpunkte – längs der entsprechenden Randparallelen – anvisieren, wobei der Winkel der Visierlinien vom gestreckten Winkel durchaus verschieden ist!) Weil sich unter diesem Aspekt die beiden unendlichfernen Punkte einer h-Geraden im Euklidischen noch am ehesten mit den beiden unendlichfernen Punkten eines Hyperbel-Astes vergleichen lassen, hat sich bei dem „größeren Teil" der Autoren auch eine von unserer Terminologie abweichende Bezeichnung eingebürgert: Man sieht das kennzeichnende „h" unserer Modellnamen (wie z. B. in $\underline{h}$-Gerade, $\underline{h}$-Geometrie etc.) als eine Abkürzung für das Wort „$\underline{h}$yperbolisch" an, während wir an der etymologisch einsichtigeren Interpretation von Fußnote 1 auf S. 20 festhalten wollen.

B 4.5 Die Gruppe der gleichsinnigen h-Bewegungen

Bisher wurden alle h-Bewegungen erfaßt, die durch z w e i Polarenspiegelungen erzeugt werden. Außer diesen in Abschn. 4.1 bis 4.4 behandelten Abbildungsarten kann es keine weitere gleichsinnige h-Bewegung geben.

Denn eine gleichsinnige h-Bewegung muß, da e i n e Polarenspiegelung den Umlaufsinn umkehrt, als Komposition einer geraden Anzahl von Polarenspiegelungen darstellbar sein. Nach Satz 3.6 (Fahnensatz) ist jede h-Bewegung eine Komposition von h ö c h - s t e n s d r e i Polarenspiegelungen. Da eine ungerade Anzahl dieser Spiegelungen für gleichsinnige h-Bewegungen ausscheidet, kann jede Komposition von 2 n (n $\in$ **N**) Polarenspiegelungen durch zwei allein erzeugt werden. Für zwei h-Geraden gibt es nur drei Möglichkeiten: sich schneidend, überparallel oder randparallel; d. h., jede gleichsinnige h-Bewegung ist entweder eine h-Drehung oder eine h-Translation oder eine Grenzdrehung.

Wie gezeigt, lassen sich diese drei Abbildungstypen durch ihre Fixpunkte und Fixgebilde eindeutig charakterisieren. Die Fixgebilde sind stets (euklidische) Ellipsen, die entweder den Einheitskreis überhaupt nicht (h-Drehung) oder in zwei Punkten (h-Translation) oder in einem Punkt (Grenzdrehung) berühren. Fig. 4.16 bis 4.18 zeigen diese Fixgebilde, die sich auch als „Spuren" von h-Punkten bei den entsprechenden h-Bewegungen interpretieren lassen. Die nachfolgende Tabelle gibt eine entsprechende Übersicht über die gleichsinnigen h-Bewegungen.

Typ	Fixpunkte	Fixgebilde
h-Drehung D_h	e i n h-Punkt	h-Kreise um Z
h-Translation T_k	k e i n h-Punkt (zwei Randpunkte)	Abstandslinien A_k
Grenzdrehung G_R	k e i n h-Punkt (ein Randpunkt R)	Horozykel H_R

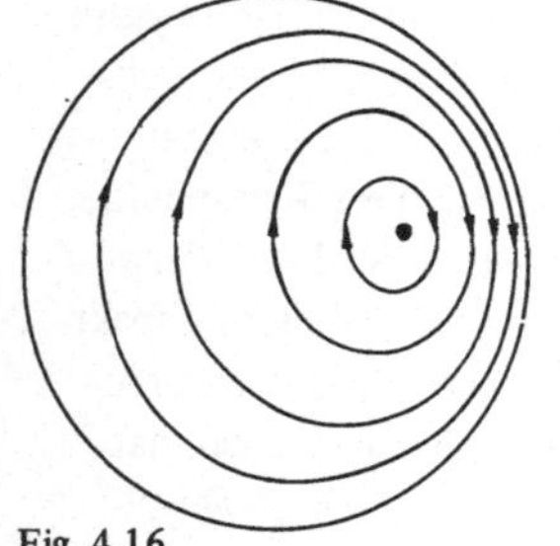

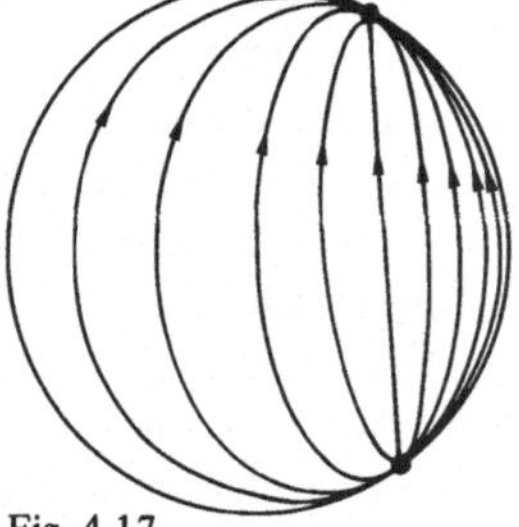

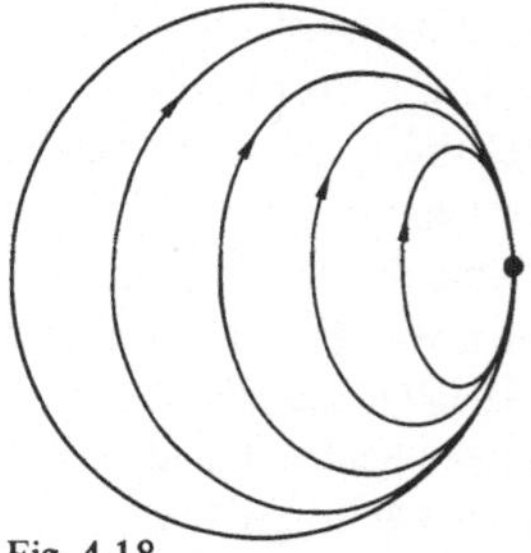

Fig. 4.16   Fig. 4.17   Fig. 4.18

Wie schon begründet wurde, ist die Vereinigungsmenge aller gleichsinnigen h-Bewegungen bezüglich ihrer Komposition abgeschlossen. Da sich überdies bei jeder zweifachen

Polarenspiegelung durch Vertauschung der Reihenfolge die Inverse bilden und die
Identität sich als Spezialfall auffassen läßt, gilt

Satz 4.17 Die Menge aller h-Drehungen, h-Translationen und Grenzdrehungen bildet
bezüglich ihrer Komposition als Verknüpfung eine Untergruppe der Gruppe der h-Bewegungen.

Auch hier liegt einerseits eine Analogie zu den Verhältnissen im Euklidischen vor, wo
ebenfalls die gleichsinnigen Kongruenzabbildungen (Rotationen und Translationen)
eine Untergruppe der gesamten Kongruenzgruppe bilden.

Hier wie dort ergeben sich für Rotationen um ein festes Zentrum sowie bei Translationen längs einer festen Geraden abelsche Untergruppen der Gruppe der gleichsinnigen
Bewegungen. Auch gilt

Satz 4.18 Die Komposition zweier h-Punktspiegelungen ergibt stets eine h-Translation
$D_h^Z \circ D_h^U = T_k$, wobei k die h-Gerade durch U und Z ist.

B e w e i s. Nach Definition 4.4 ist D_h^Z darstellbar in der Form $D_h^Z = S_{p_1} \circ S_k$, wobei
p_1 die h-Orthogonale zu k durch Z ist; und entsprechend $D_h^U = S_k \circ S_{p_2}$, wobei p_2 die
h-Orthogonale zu k durch U ist (vgl. Fig. 4.19). Nun gilt

$$
\begin{aligned}
D_h^Z \circ D_h^U &= (S_{p_1} \circ S_k) \circ (S_k \circ S_{p_2}), && \text{(wegen Assoziativität)} \\
&= S_{p_1} \circ (S_k \circ S_k) \circ S_{p_2}, && (S_k \text{ ist involutorisch}) \\
&= S_{p_1} \circ I \circ S_{p_2} \\
&= S_{p_1} \circ S_{p_2} && (\text{wegen } p_1, p_2 \perp_h k) \\
&= T_k.
\end{aligned}
$$

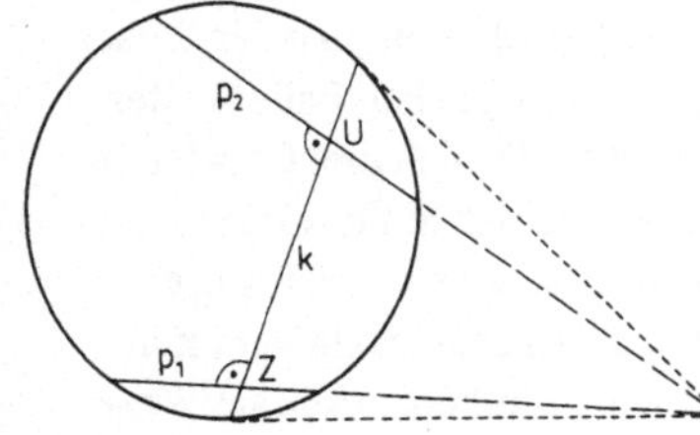

Fig. 4.19

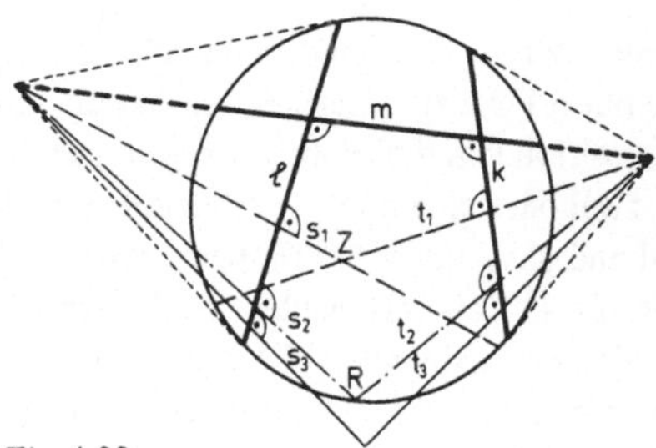

Fig. 4.20

Andererseits sind jedoch auch wesentliche Unterschiede festzustellen. So gibt es im h-
Modell d r e i (nicht zwei) Arten gleichsinniger h-Bewegungen.

Insbesondere läßt sich zeigen:

Satz 4.19 Die Komposition zweier h-Translationen kann eine h-Drehung, eine Grenzdrehung oder auch wieder eine h-Translation sein.

Danach bilden also − im Gegensatz zum Euklidischen − die h-Translationen keine Gruppe!

B e w e i s. Seien ℓ und k zwei überparallele h-Geraden und m ihre gemeinsame h-Orthogonale. Mit Hilfe zweier weiterer h-Geraden s_i, $t_i \neq m$ mit $s_i \perp_h \ell$ und $t_i \perp_h$ k bilden wir nun die beiden h-Translationen

$$T_\ell = S_{s_i} \circ S_m \qquad \text{und} \qquad T_k = S_m \circ S_{t_i}.$$

Für ihre Komposition ergibt sich

$$\begin{aligned}
T_\ell \circ T_k &= (S_{s_i} \circ S_m) \circ (S_m \circ S_{t_i}) \\
&= S_{s_i} \circ (S_m \circ S_m) \circ S_{t_i} \\
&= S_{s_i} \circ S_{t_i}.
\end{aligned}$$

Schneiden sich die h-Geraden s_i und t_i in Z (in Fig. 4.20: i = 1), so erhalten wir gemäß Definition 4.2 eine h-Drehung D_h, sind sie randparallel (i = 2) nach Definition 4.9 eine Grenzdrehung G_R, und sind sie überparallel (i = 3) nach Definition 4.7 eine h-Translation.

Es ist nun eine reizvolle Aufgabe, die dem Leser empfohlen sei, festzustellen, welche Fälle für die Komposition zweier (gleicher oder ungleicher) Abbildungsarten möglich sind. Man stellt dabei fest, daß die Komposition gleichsinniger Bewegungen im h-Modell „symmetrischer" erfolgt als in der euklidischen Ebene. Während sich dort nämlich zwar Translationen durch zwei Rotationen, nicht aber umgekehrt Rotationen sich durch zwei Translationen erzeugen lassen, ist im h-Modell jede der drei Abbildungsarten als Komposition zweier von ihnen (bei beliebiger Auswahl) darstellbar.

4.6 Dreifachspiegelungen

Während wir bei den zweifachen Polarenspiegelungen unter Berücksichtigung der Reihenfolge nur 6 Fälle zu unterscheiden hatten, wird die Anzahl der möglichen Fälle bei der Komposition von drei Polarenspiegelungen beträchtlich größer: Da sich drei Geraden in drei, zwei oder einem Punkt schneiden und diese Schnittpunkte sich auf das Innere, den Rand und das Äußere des Einheitskreises verteilen können, erhalten wir bei analoger Zählweise so viele verschiedene Fälle, daß wir diese hier nicht einzeln diskutieren können. Eine Methode, alle Fälle und noch tieferliegende Probleme auf eine elegante Weise erschöpfend zu behandeln, liegt darin, daß man eine „Algebra der Spiegelungen" entwickelt (vgl. [1], [2]). Da für uns die Frage nach der Abbildungsgeometrie im h-Modell nur ein Problem unter anderen ist, beschränken wir uns auf eine weniger differenzierte Behandlung. Wir betrachten zunächst jene Dreifachspiegelungen, deren zugehörige Geraden — euklidisch gesehen — „in einem Büschel" liegen, d. h., alle drei durch einen Punkt (mit Einschluß des unendlichfernen Punktes (vgl. Appendix zu Abschn. 4.4)) gehen. Je nach Lage dieses gemeinsamen Schnittpunktes erfassen wir damit jene Fälle, in denen drei Geraden entweder sich in einem h-Punkt schneiden, oder in einem Randpunkt oder aber ein und dieselbe gemeinsame h-Orthogonale haben (vgl. Fig. 4.21). Diese drei Fälle sind gemeint, wenn wir im folgenden Satz von drei h-Geraden eines Büschels sprechen.

Satz 4.20 (S a t z v o n d e n d r e i S p i e g e l u n g e n i m B ü s c h e l) Jede
Komposition von drei Polarenspiegelungen an drei h-Geraden p_1, p_2 und p_3 eines
Büschels ergibt eine einfache Polarenspiegelung.

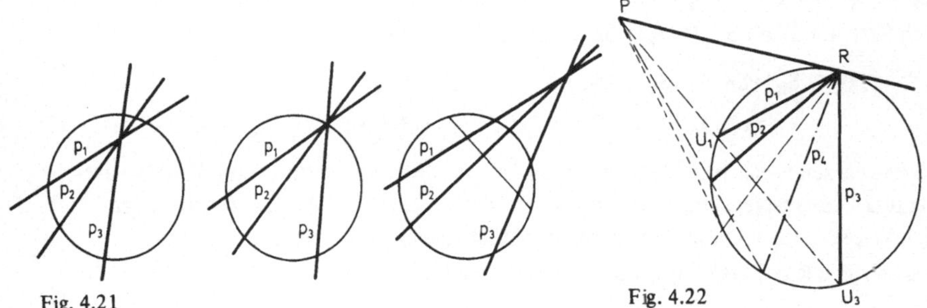

Fig. 4.21   Fig. 4.22

B e w e i s s k i z z e. Ist $S_{p_3} \circ S_{p_2} \circ S_{p_1}$ eine solche Komposition, so läßt sich stets
eindeutig eine vierte h-Gerade p_4 des Büschels so angeben, daß

$$S_{p_2} \circ S_{p_1} = S_{p_3} \circ S_{p_4} \tag{4.8}$$

gilt, denn

a) ist der gemeinsame Schnittpunkt ein h-Punkt S, so trage man in S an p_3 den h-Winkel $\sphericalangle (p_1, p_2)$ gegensinnig h-kongruent an; der freie Schenkel legt p_4 fest.
b) ist der gemeinsame Schnittpunkt ein Randpunkt R (Fig. 4.22), so bringe man die
Tangente im Randpunkt R mit der durch die Randpunkte U_3 (von p_3) und U_1 (von p_1)
festgelegten Geraden zum Schnitt P. Die Polarenspiegelung an der zu P gehörenden
Polaren bildet p_1 auf p_3 ab. Das Bild von p_2 ist p_4. (Existiert P nicht, liefert die euklidische Spiegelung am Durchmesser durch R: p_4.)
c) sind L_1, L_2 und L_3 die Schnittpunkte der drei h-Geraden mit ihrer gemeinsamen
h-Orthogonalen k, so trage man die h-Strecke $\overline{L_1 L_2}$ auf k von L_3 aus gegensinnig
h-kongruent an. Die h-Orthogonale zu k durch L_4 ist p_4.
Setzen wir nun entsprechend (4.8) ein, so erhalten wir

$$S_{p_3} \circ (S_{p_2} \circ S_{p_1}) = S_{p_3} \circ (S_{p_3} \circ S_{p_4}) = S_{p_4}.$$

Die Tatsache, daß damit a l l e Dreifachspiegelungen, die sich durch eine Polarenspiegelung ersetzen lassen, erfaßt sind, sei hier nur (unbewiesen) mitgeteilt.

Definition 4.11 Eine Dreifachspiegelung, die als Komposition von Polarenspiegelung
und h-Translation bei Identität von Spiegel- und Translationsachse darstellbar ist, heißt
h - S c h u b s p i e g e l u n g:

$$T_k \circ S_k = Sch_k.$$

Satz 4.21 Die Komposition von h-Translation und Polarenspiegelung bei einer h-Schubspiegelung ist kommutativ:

$$T_k \circ S_k = S_k \circ T_k = Sch_k.$$

B   B e w e i s. Nach Definition 4.7 gilt $T_k = S_{\ell_2} \circ S_{\ell_1}$ mit $\ell_1, \ell_2 \perp_h k$; also

$$T_k \circ S_k = (S_{\ell_2} \circ S_{\ell_1}) \circ S_k = S_{\ell_2} \circ (S_{\ell_1} \circ S_k) = S_{\ell_2} \circ D_h^{L_1},$$

wobei $D_h^{L_1}$ eine h-Punktspiegelung am Schnittpunkt L_1 von ℓ_1 mit k ist.
Nach Satz 4.3 d) gilt $S_{\ell_1} \circ S_k = S_k \circ S_{\ell_1}$. Daraus folgt

$$T_k \circ S_k = S_{\ell_2} \circ (S_k \circ S_{\ell_1}) = (S_{\ell_2} \circ S_k) \circ S_{\ell_1}$$
$$= (S_k \circ S_{\ell_2}) \circ S_{\ell_1} = S_k \circ (S_{\ell_2} \circ S_{\ell_1}) = S_k \circ T_k.$$

Der Beweis zeigt, daß jede h-Schubspiegelung auch als Komposition von h-Punktspiegelung und Polarenspiegelung (und umgekehrt) darstellbar ist, wobei das Zentrum der h-Punktspiegelung nicht auf der Achse der Polarenspiegelung liegt.

Es lassen sich leicht (vgl. Aufgabe 4.8) folgende Sätze ableiten:

Satz 4.22 a) Die Achse k der h-Schubspiegelung ist Fixgerade bezüglich Sch_k.

b) Es gibt keinen h-Punkt, der Fixpunkt bezüglich Sch_k wäre.

c) Die Menge aller h-Schubspiegelungen bildet keine Gruppe.

Satz 4.23 Eine Komposition $D_h \circ S_p$, wobei das Zentrum der h-Drehung nicht auf p liegt, ist stets als h-Schubspiegelung darstellbar.

B e w e i s. Seien die beiden h-Geraden g_1, g_2 durch Z so gegeben, daß $D_h = S_{g_2} \circ S_{g_1}$ gilt. Nach Voraussetzung existiert die h-Orthogonale ℓ zu p durch Z mit dem Fußpunkt L (Fig. 4.23). Man trage an ℓ in Z den h-Winkel $\sphericalangle (g_1, g_2)$ gleichsinnig h-kongruent an. Durch den freien Schenkel ist g_3 festgelegt, so daß gilt:

$$S_{g_2} \circ S_{g_1} = S_{g_3} \circ S_\ell = D_h$$
$$D_h \circ S_p = (S_{g_3} \circ S_\ell) \circ S_p = S_{g_3} \circ (S_\ell \circ S_p) \qquad \text{mit } \ell \perp_h p$$
$$= S_{g_3} \circ D_h^L \qquad \text{mit } L \notin g_3.$$

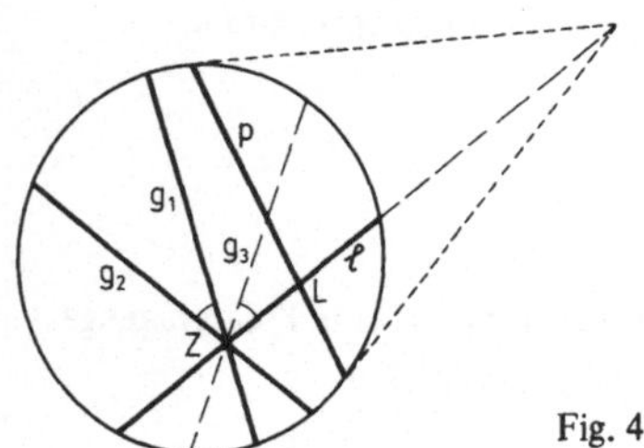

Fig. 4.23

Nach der Bemerkung zum Beweis von Satz 4.21 ist damit die Behauptung bewiesen.
Als letzten zeigen wir

Satz 4.24 Jede ungleichsinnige h-Bewegung, die keine einfache Polarenspiegelung ist, kann als h-Schubspiegelung dargestellt werden.

B e w e i s. Nach dem Fahnensatz (Satz 3.6) und der Voraussetzung haben wir nur jene h-Bewegungen zu untersuchen, die aus genau drei Polarenspiegelungen bestehen.

Sind $F = (P, \underline{g}, \underline{E})$ und $F' = (P', \underline{g}', \underline{E}')$ zwei h-Fahnen, dann kommt nach dem Beweis
zum Fahnensatz für eine Abbildung von F auf F' nur jener Fall in Frage, der sich aus
den folgenden drei Polarenspiegelungen zusammensetzt: Zunächst S_p mit p als h-Mittelsenkrechte von $\overline{PP'}$; dann S_w mit w als h-Winkelhalbierende des h-Winkels $\measuredangle (g', S_p (g))$
und schließlich $S_{g'}$. Dabei schneiden sich w und g' im h-Punkt P', d. h., die h-Bewegung
H ist darstellbar als

$$H = S_{g'} \circ S_w \circ S_p = (S_{g'} \circ S_w) \circ S_p = D_h \circ S_p, \qquad \text{mit } P' \notin p$$

als Zentrum der h-Drehung. Nach Satz 4.23 ist aber diese h-Bewegung stets als h-Schubspiegelung darstellbar.

Damit ist gezeigt, daß im h-Modell — analog zur euklidischen Ebene — jede ungleichsinnige h-Bewegung entweder eine einfache Polarenspiegelung oder eine h-Schubspiegelung ist.

Wir können nunmehr die Gruppe der h-Bewegungen durch die in ihr vertretenen Abbildungstypen vollständig beschreiben:

Sie ist die Vereinigungsmenge aus Identität (I), einfachen (S_p), zweifachen (h-Drehung
D_h, h-Translation T_k, Grenzdrehung G_R) und dreifachen (h-Schubspiegelung Sch_h)
Polarenspiegelungen mit ihrer Komposition als Verknüpfung.

Der spannenden Suche des Lesers nach interessanten Untergruppen dieser Gruppe der
h-Bewegungen — wie z. B. nach „Standuntergruppen", sie bestehen aus h-Bewegungen
die ein bestimmtes h-Gebilde (z. B. eine h-Gerade oder ein h-Quadrat) als Fixgebilde
besitzen — soll nicht durch weitere Ausführungen der Reiz genommen werden.

Aufgaben

4.1 Von einem h-Kreis sind gegeben: Sein Zentrum Z (1/5; 0) und ein h-Punkt P (3/5;
2/5) seiner Peripherie. Man ermittle durch Konstruktion die Schnittpunkte dieses h-
Kreises mit der x-Achse. Man überprüfe anschließend die gefundenen Werte durch Berechnung des Doppelverhältnisses mit den jeweils zugehörigen Randpunkten.

4.2 a) Man definiere das h-gleichschenklige h-Trapez und den h-Drachen mittels der
Polarenspiegelung.
b) Man zeige (an mindestens drei entsprechenden Sätzen), daß bezüglich der h-Kongruenz von Seiten und Winkeln zwischen den in a) definierten h-Vierecken die gleiche
„duale Entsprechung" vorliegt wie zwischen h-Raute und h-Rechteck.

4.3 In unserer Schulgeometrie werden die Sätze über die Mittellinie und die einem
Schenkel anliegenden Winkel beim Trapez i. a. dadurch abgeleitet, daß durch eine
Punktspiegelung an der Mitte eines Schenkels (vgl. Fig. 4.24) ein Parallelogramm er-
zeugt wird.

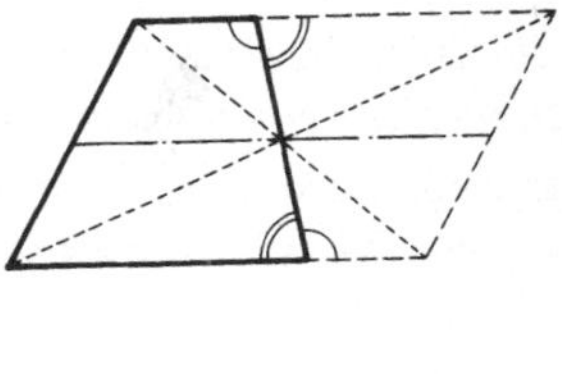

Fig. 4.24

B a) Man begründe, weshalb dieses Verfahren im h-Modell i. a. versagt. (Deshalb definiere man zunächst das allgemeine h-Trapez so, daß sich die Definition von Aufgabe 4.2 a) als Sonderfall ergibt.)
b) Man gebe spezielle h-Trapeze an, auf die dieses Verfahren angewendet werden kann.
c) Welche Folgerungen sind für die Gültigkeit folgender Sätze über das Trapez zu ziehen?
1. Die einem Schenkel anliegenden Winkel ergänzen sich zu einem gestreckten.
2. Die Mittellinie ist halb so lang wie die Summe der beiden Grundseiten.

4.4 Gegeben sei die durch die Gleichung k: $x = 2/5$ festgelegte h-Gerade und der h-Punkt P $(1/10; 3/5)$. Man konstruiere (Radius des Einheitskreises 5 cm) die Abstandslinie A_k des h-Punktes P bezüglich k und gebe an: die Schnittpunkte von A_k mit der x-Achse, die kleine Achse und den (euklidischen) Mittelpunkt von A_k.

4.5 g und k seien zwei sich schneidende h-Geraden.

a) Man beweise: Jede Abstandslinie A_k von k schneidet aus g eine h-Strecke heraus, die durch den Schnittpunkt mit k h-halbiert wird.
b) Man charakterisiere das spezielle h-Viereck, dessen Diagonalen nach a) durch g, k und durch zwei beliebige Abstandslinien A_k und A_g festgelegt sind.

4.6 Ein Horozyklus H_R mit dem Randpunkt R $(1; 0)$ besitzt die durch die Gleichung t: $x = y$ festgelegte h-Gerade t als Tangente. Man bestimme
a) den Berührpunkt P von t mit H_R,
b) den Mittelpunkt und beide Achsen dieser Ellipse,
c) die h-Gerade p (p: $x = a$) so, daß durch die h-Translation $T_w = S_o \circ S_p$ (mit o: $x = 0$) H_R auf den „Ur-Horozyklus" abgebildet wird. (Alle Teilaufgaben sind durch Konstruktion und Rechnung zu lösen.)

4.7 Durch Aufstellung einer Gruppentafel weise man nach, daß die h-Bewegungen, die ein h-Rechteck und eine h-Raute jeweils auf sich abbilden, — wie im Euklidischen auch — dieselbe endliche Gruppe bilden, und beschreibe diese.

4.8 Man beweise die in Satz 4.22 aufgeführten Eigenschaften der h-Schubspiegelung.

4.9 Man zeige, daß die Vereinigungsmenge aller h-Schubspiegelungen und h-Translationen längs einer festen h-Geraden eine Gruppe bildet, die unendlich viele zyklische Untergruppen besitzt.

4.10 a) Man zeige: Jede Polarenspiegelung läßt sich als Komposition aus einer h-Punktspiegelung mit einer euklidischen Spiegelung an einem Durchmesser des Einheitskreises darstellen (vgl. z. B. [34]).
b) Man begründe, weshalb nach a) bei den in Abschn. 2.3 beschriebenen Grundkonstruktionen prinzipiell auf die Verwendung von Punkten außerhalb des Einheitskreises verzichtet werden kann.

4.11 In der euklidischen Ebene gilt der Satz, daß die Komposition dreier Punktspiegelungen sich stets durch eine einzige Punktspiegelung ersetzen läßt.
a) Man zeige durch Angabe eines Gegenbeispiels, daß dieser Satz im h-Modell falsch ist!
b) Man gebe den Grund für die Ungültigkeit des obigen Satzes in der h-Geometrie an.

c) Man leite eine notwendige und hinreichende Bedingung dafür ab, daß die Komposition B
dreier h-Punktspiegelungen eine einzige h-Punktspiegelung ergibt.

5 Strecken- und Winkelmessung im h-Modell

5.1 Messung von h-Strecken

Schon bei der Einführung des h-Modells stellten wir fest, daß in ihm die geometrischen   A
Figuren von uns aus betrachtet „verzerrt" erscheinen. Diese Verzerrung, die später
durch die Darstellung von h-Kreisen und speziellen h-Vierecken noch besonders augen-
fällig wurde, hat ihre Ursache natürlich in der durch die Polarenspiegelung definierten
h-Kongruenz, die von der euklidischen abweicht. Eine Wanze, die auf den Horizont
ihrer Welt zuwandert, bemerkt nicht, daß sie selbst dabei eine andere Gestalt annimmt
und ihre Schritte nach unseren Maßstäben immer „kürzer" werden. Diese Abweichung
von unserem Maßsystem, die den physikalischen Vorbelasteten vielleicht entfernt an
die sog. Lorentz-Kontraktion der Relativitätstheorie erinnern mag, wollen wir im folgenden zu erfassen suchen.

Dazu erinnern wir uns zunächst an das Prinzip unserer eigenen Streckenmessung. Wir
ordnen jeder Strecke $\overline{AB}$ eine bestimmte reelle Zahl L $(\overline{AB})$ (bisher mit $|\overline{AB}|$ bezeich-
net) zu, die wir die **M a ß z a h l** dieser Strecke nennen. D. h., wir bilden die Menge
aller Strecken in die Menge der reellen Zahlen ab, wobei wir von dieser Abbildung L,
die oft auch als „Funktional" bezeichnet wird, die folgenden Eigenschaften verlangen:

$$L\,(\overline{AB}) \geqslant 0 \text{ und } L\,(\overline{AB}) = 0 \text{ genau dann, wenn } A = B, \qquad \text{(Definitheit)} \quad (5.1)$$

$$L\,(\overline{AB}) = L\,(\overline{CD}), \text{ wenn } \overline{AB} \equiv \overline{CD}, \qquad \text{(Invarianz)} \quad (5.2)$$

$$L\,(\overline{AC}) = L\,(\overline{AB}) + L\,(\overline{BC}), \text{ wenn } B \text{ zwischen } A \text{ und } C \text{ liegt.} \quad \text{(Additivität)} \quad (5.3)$$

(Außerdem „normiert" man diese Maßfunktion, indem für eine gewisse Einheitsstrecke
$\overline{PQ}$ gefordert wird: L (PQ) = 1.)

Diese Eigenschaften, die für jede Messung von Strecken — und bei entsprechender Ab-
wandlung auch für die von Winkeln und Flächen — charakteristisch sind, sollen auch
von den Bewohnern der h-Welt als zweckmäßig angesehen werden. Unsere Frage ist
nun, ob sich ein Funktional mit diesen drei Eigenschaften auch dann finden läßt, wenn
die euklidische Kongruenz in der Invarianzforderung II durch die h-Kongruenz ersetzt
wird. (Um Verwechselungen auszuschließen, wollen wir diese gesuchte Maßfunktion mit
L_h und die uns vertraute euklidische Maßfunktion mit L_e bezeichnen.)
Auf der Suche nach einem solchen L_h könnte man im Hinblick auf die Invarianz (5.2)
zunächst vermuten, daß das Doppelverhältnis $\delta = (ABUV)$, das die Endpunkte der
h-Strecke $\overline{AB}$ mit den zugehörigen Randpunkten U und V bildet, das gesuchte Funktional sei; denn δ ist für jede h-Strecke eine reelle Zahl und erfüllt (zumindest für

normalgerichtete) h-Strecken diese Forderung: Gilt nämlich für zwei normalgerichtete h-Strecken $\overline{AB}$ und $\overline{A'B'}$: $\overline{AB} \equiv_h \overline{A'B'}$, so gibt es nach Definition der h-Kongruenz eine endliche Folge von Polarenspiegelungen, die $\overline{AB}$ auf $\overline{A'B'}$ abbildet. Da dabei das Doppelverhältnis mit den zugehörigen Randpunkten nicht geändert wird, gilt also

$$(ABUV) = (A'B'U'V'),$$

wie es verlangt wird. Leider erfüllt dieses Doppelverhältnis jedoch nicht die Forderung (5.3); denn für einen h-Punkt B, der zwischen A und B liegt, gilt nach Satz 3.14

$$(ACUV) = (ABUV) \cdot (BCUV),$$

während dort an Stelle des Malpunktes ein Pluszeichen gefordert wird! Da uns als Funktion, die ein Produkt in eine Summe überführt, der Logarithmus bekannt ist, liegt es nahe, die Probe mit dem Logarithmus des Doppelverhältnisses, d. h. ln (ABUV) zu wagen: Da für normal-gerichtete h-Strecken das Doppelverhältnis h-kongruenter Strecken mit ihren Randpunkten gleich ist, gilt sicher auch

$$\ln (ABUV) = \ln (CDU'V') \qquad \text{für } \overline{AB} \equiv_h \overline{CD},$$

(5.2) wird also auch erfüllt. Aus Satz 3.14 folgt durch Logarithmieren:

$$\ln (ACUV) = \ln (ABUV) + \ln (BCUV),$$

und somit ist auch (5.3) erfüllt. Nun zur Definitheit (5.1). Nach Satz 3.13 und Definition 3.4 gilt für eine normalgerichtete h-Strecke $\overline{AB}$ stets $(ABUV) = \delta > 1$, und somit ln (ABUV) > 0. (ABUV) nimmt nach Definition den Wert 1 — und damit ln (ABUV) = 0 — an, wenn A = B ist. Für normal-gerichtete h-Strecken gilt also (5.2).

Da aus Satz 1.7 c)

$$\text{mit} \qquad (BAUV) = \frac{1}{(ABUV)}$$

$$\text{auch} \qquad \ln (BAUV) = -\ln (ABUV),$$

gilt, erhielten wir für h-Strecken, die n i c h t normal-gerichtet sind, ein negatives Längenmaß. Wollen wir auch für solche h-Strecken die Forderung (5.1) erfüllen, brauchen wir nur zum Absolutbetrag | ln (ABUV)| überzugehen.

Wie man mit Formel (1.7) von Definition 1.4 durch Einsetzen sofort überprüft, ist mit den beiden h-Punkten P (0; 0) und Q (e−1/e + 1; 0) und den zugehörigen Randpunkten V (1; 0) und W (−1; 0) eine „Einheitsstrecke" $\overline{PQ}$ gegeben, für die man mit ln (PQVW) = ln e = 1 die entsprechende Normierung erreicht.

Damit haben wir die Existenz e i n e r Maßfunktion für h-Strecken nachgewiesen, denn | ln (ABUV)| ist eine solche. Wie man leicht einsieht, ist jedoch diese sicher nicht die einzig mögliche Maßfunktion für h-Strecken; denn jedes Funktional von der Form

$$L_h = k \cdot |\ln (ABUV)| \qquad \text{mit } k > 0 \text{ und } k = \text{const}$$

erfüllt ebenfalls die Forderungen (5.1) bis (5.3). (Lediglich die „h-Einheits-Strecke" **A**
wird mit k ≠ 1 eine andere.)[1]
Aus historischen Gründen setzt man im allgemeinen k = 1/2.

Definition 5.1 Ist $\overline{AB}$ eine h-Strecke mit den zugehörigen Randpunkten U und V, so **B**
heißt die reelle Zahl

$$L_h\,(AB) = \frac{1}{2} \cdot |\ln\,(ABUV)|$$

ihr h-Maß.

Mit dieser Definition ist jeder h-Strecke eindeutig eine reelle Zahl zugeordnet. Eine
Umkehrung dieses Sachverhaltes bringt

Satz 5.1 Ist $\underline{k}$ eine beliebige vom h-Punkt A ausgehende h-Halbgerade, dann gibt es zu
jeder positiven reellen Zahl r genau einen h-Punkt auf $\underline{k}$, so daß $L_h\,(\overline{AB})$ = r gilt.

B e w e i s. Bezeichnen wir die durch $\underline{k}$ festgelegten Randpunkte so mit U und V, daß
zwischen V und A kein Punkt von $\underline{k}$ liegt, dann gibt es nach Satz 1.8 genau einen Punkt
B, der mit den drei gegebenen Punkten A, U und V das Doppelverhältnis (ABUV) = e^{2r}
bildet. Wegen $e^{2r} > 1$ (für r > 0) muß B zwischen A und U — also auf $\underline{k}$ — liegen. Nach
Satz 3.12 ist B ein h-Punkt. Durch Logarithmieren erhalten wir ln (ABUV) = 2 r, d. h.

$$r = \frac{1}{2}\,|\ln\,(ABUV)| = L_h\,(\overline{AB}).$$

Die Übereinstimmung von Definition 5.1 mit unserem „Postulat" von der Unerreichbarkeit des Horizontes der h-Welt für ihre Bewohner (vgl. Abschn. 2.1) zeigt

Satz 5.2 Ist $\overline{AB}$ eine beliebige h-Strecke und rückt B auf der durch $\overline{AB}$ festgelegten h-
Geraden unbegrenzt von A fort auf den Rand zu, dann wächst das h-Maß der h-Strecke
$\overline{AB}$ über alle Grenzen.

B e w e i s. Durch eine h-Bewegung legen wir die h-Strecke $\overline{AB}$ so, daß A auf den Mittelpunkt O des Einheitskreises und B auf die positive x-Achse fällt. Dann gilt also H (A) =
O (0; 0) und H (B) = X (x; 0) mit $\overline{AB} \equiv_h \overline{OX}$ (vgl. Fig. 5.1). Aus Definition 5.1 folgt

$$L_h\,(\overline{AB}) = L_h\,(\overline{OX}) = \frac{1}{2}\,|\ln\,(OXUV)| \qquad \text{mit U (1; 0) und V (–1; 0).}$$

---

[1] Die Frage, ob es außer den Funktionalen dieser Form noch a n d e r e mit der gleichen Eigenschaft geben könne, ist mit „nein" zu beantworten. Denn (vgl. [3]) jede
Funktion von (ABUV) ist als eine Funktion f (L_h) darstellbar. Um die Additivitätsforderung (5.3) zu erfüllen, m u ß dann für f gelten:

$$f\,(L_h\,(\overline{AB}) + L_h\,(\overline{BC})) = f\,(L_h\,(\overline{AB})) + f\,(L_h\,(\overline{BC})).$$

Unter der Voraussetzung, daß f stetig ist, wurde von Cauchy bewiesen, daß f dann stets
die Form f (L_h) = c L_h (c = const) haben muß.

B   Nach Definition des Doppelverhältnisses ergibt sich

$$L_h \, (\overline{AB}) = L_h \, (\overline{OX}) = \frac{1}{2} \, \left| \ln \left(\frac{1+x}{1-x} \right) \right| \quad \text{mit } 0 < x < 1.$$

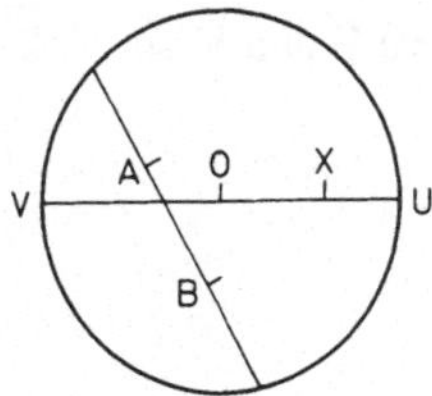

Fig. 5.1

Rückt nun B in der beschriebenen Weise auf die Peripherie des Einheitskreises zu, so näher sich x dem Zahlenwert 1. Wegen $\lim\limits_{x \to 1} \left(\dfrac{1-x}{1+x} \right) = 0$ wächst $\dfrac{1+x}{1-x}$ über alle Grenzen und damit auch das h-Maß von $\overline{OX}$ und $\overline{AB}$.

Damit ist gezeigt (vgl. Abschn. 2.1), daß die „Unerreichbarkeit des Randes" kein zusätzliches „Postulat" für das h-Modell ist, sondern mit Definition 5.1 aus der h-Streckenkongruenz folgt.

5.2 Messung von h-Winkeln

Analog zur h-Streckenmessung läßt sich auch ein Verfahren entwickeln, durch das jedem h-Winkel α eindeutig ein h-Winkelmaß W_h (α) zugeordnet wird, und wie im Euklidischen ist der Zusammenhang der Maße von h-Strecken und h-Winkeln in einer „h-Trigonometrie" darstellbar. Da sich dabei jedoch die Benutzung der sog. „Hyperbelfunktionen" (wie z. B. sinh α, cosh α etc.) nicht umgehen läßt, wollen wir uns mit einem – für die folgenden Untersuchungen völlig ausreichenden – V e r g l e i c h von h-Winkelmaß W_h (α) und euklidischen Winkelmaß W_e (α) in gewissen Spezialfällen begnügen. Dazu stellen wir zunächst einige Übereinstimmungen beider Winkelmaße zusammen, die sich aus den bisher gewonnenen Sätzen ergeben.

Wie wir schon mehrfach festgestellt haben, ist die Polarenspiegelung an einer h-Geraden, die durch O verläuft, mit der euklidischen Geradenspiegelung identisch. Mit den Definitionen der h-Orthogonalität für h-Geraden und der h-Kongruenz folgen daraus:

Satz 5.3 Verläuft ein Schenkel eines h-rechten Winkels durch den Mittelpunkt O des Einheitskreises, dann ist dieser Winkel auch euklidisch ein rechter und umgekehrt.

Satz 5.4 Zwei h-Winkel, die durch euklidische Spiegelungen an Durchmessern des Einheitskreises aufeinander abgebildet werden können, sind zueinander sowohl euklidisch als auch h-kongruent (Fig. 5.2).

Als Spezialfälle aus Satz 5.4 erhalten wir die Folgerungen.

a) Sind zwei Winkel mit gemeinsamem Scheitel O h-kongruent, dann sind sie auch euklidisch kongruent, und umgekehrt.

b) Für eine h-Halbgerade $\underline{w}$, die durch O verläuft, gilt: Ist w h-Winkelhalbierende des h-Winkels α, so halbiert sie ihn auch euklidisch; und halbiert sie α euklidisch, dann ist sie auch h-Halbierende von α.

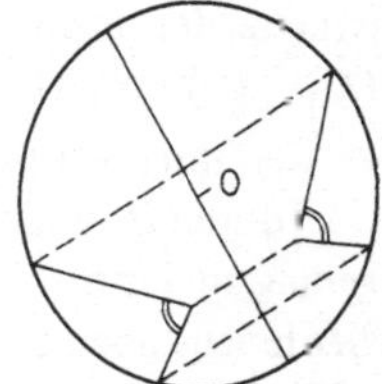

Fig. 5.2

Übertragen wir die in Abschn. 5.1 geforderten Eigenschaften einer Maßfunktion L für Strecken sinngemäß auf eine solche für Winkel (W), so erhalten wir

$$W\,(\sphericalangle\,(\underline{\ell},\underline{k})) \geqslant 0 \text{ und } W\,(\sphericalangle\,(\underline{\ell},\underline{k})) = 0 \text{ genau dann,}$$
$$\text{wenn } \underline{\ell} = \underline{k} \qquad \text{(Definitheit)} \qquad (5.4)$$

$$W\,(\sphericalangle\,(\underline{\ell},\underline{k})) = W\,(\sphericalangle\,(\underline{g},\underline{h})), \text{ wenn } \sphericalangle\,(\underline{\ell},\underline{k}) \equiv \sphericalangle\,(\underline{g},\underline{h}) \qquad \text{(Invarianz)} \qquad (5.5)$$

$$W\,(\sphericalangle\,(\underline{\ell},\underline{k})) = W\,(\sphericalangle\,(\underline{\ell},\underline{m})) + W\,(\sphericalangle\,(\underline{m},\underline{k})) \text{ für jede im}$$
$$\text{Winkel } \sphericalangle\,(\underline{\ell},\underline{k}) \text{ verlaufende Halbgerade}$$
$$\underline{m} \text{ mit dem Scheitel als Anfangspunkt} \qquad \text{(Additivität)} \qquad (5.6)$$

Diese Eigenschaften sind für das h-Maß W_h für h-Winkel, wenn in (5.5) die Kongruenz als h-Kongruenz interpretiert wird, genau so verbindlich wie für unsere euklidische Winkelmaßfunktion W_e. Übernehmen wir auch noch die „Normierung" des Winkelmaßes aus dem Euklidischen, indem wir festsetzen, daß für den g e s t r e c k t e n Winkel $\sphericalangle\,(\underline{\ell},\underline{\ell}^*)$ gelten soll:

$$W_h\,(\sphericalangle\,(\underline{\ell},\underline{\ell}^*)) = W_e\,(\sphericalangle\,(\underline{\ell},\underline{\ell}^*)) = \pi,$$

so wird auch im h-Modell durch W_h dem h-rechten Winkel (nach dessen Definition und vermöge (5.6)) die Maßzahl $\pi/2$ zugeordnet.

Für einen h-Winkel α mit Scheitel in O, für dessen euklidisches Winkelmaß $W_e\,(\alpha) = k \cdot \pi = \alpha_e$ (mit $0 \leqslant k \leqslant 1$) gilt, lassen sich nun unsere Überlegungen zum Streckenvergleich (vgl. die „Vorbetrachtung" in Abschn. 3.4) auf den Vergleich von Winkeln übertragen, d. h., daß die reelle Zahl k durch fortgesetztes Winkelhalbieren (ausgehend vom gestreckten Winkel) ermittelt werden kann. Nach den Folgerungen aus Satz 5.4 muß dann $k \cdot \pi$ auch die h-Maßzahl $W_h\,(\alpha) = \alpha_h$ sein, da euklidisches und h-Halbieren in diesem Spezialfall (Scheitel in O) identische Operationen sind. Es gilt also

Satz 5.5 Für jeden h-Winkel α, dessen Scheitel der Mittelpunkt des Einheitskreises ist, stimmen h-Maß und euklidisches Maß überein:

$$\alpha_h = \alpha_e.$$

In dem ausgezeichneten h-Punkt O „berührt" also unsere euklidische Welt die h-Welt derart, daß wir den Winkel zwischen zwei von O ausgehenden Halbgeraden das euklidische Winkelmaß zuordnen können und damit gleichzeitig sein h-Maß bestimmt haben.

B Somit läßt sich prinzipiell das h-Maß eines jeden h-Winkels $\sphericalangle\,(\underline{\ell},\underline{k})$ durch Konstruktion ermitteln: Man legt durch eine h-Bewegung den h-Winkel $\sphericalangle\,(\underline{\ell},\underline{k})$ mit seinem Scheitel auf O, und mißt sein h-kongruentes Bild $\sphericalangle\,(\underline{\ell}',\underline{k}')$ euklidisch. Nach Definition der h-Kongruenz, der Invarianzforderung (5.5) und Satz 5.5 ist damit sein h-Maß $W_h\,(\sphericalangle\,(\underline{\ell},\underline{k})) = W_h\,(\sphericalangle\,(\underline{\ell}',\underline{k}'))$ bestimmt.

Dieses Verfahren wird für uns besonders einfach, wenn ein Schenkel des h-Winkels $\sphericalangle\,(\underline{\ell},\underline{k})$ durch O verläuft. Ist S dann der Scheitel dieses h-Winkels, so ist die Polarenspiegelung an der h-Mittelsenkrechten m der h-Strecke $\overline{OS}$ eine solche h-Bewegung, die darüber hinaus noch die durch diesen Schenkel festgelegte h-Gerade als Fixgerade besitzt (Fig. 5.3).

Die bei dieser Polarenspiegelung i. allg. auftretende Änderung des euklidischen Winkelmaßes läßt sich auch quantitativ erfassen: Wir setzen zunächst voraus, daß der gegebene h-Winkel $\sphericalangle\,(\underline{\ell},\underline{k})$ kleiner als ein h-Rechter und $\underline{\ell}$ derjenige Schenkel ist, der durch O verläuft. Legen wir nun das Koordinaten-System so, daß der Scheitel S auf der positiven x-Achse liegt, dann schneidet $\underline{k}$ (bzw. die Verlängerung von $\underline{k}$) die y-Achse in einem Punkt T (0; t). (Nach Voraussetzung und Satz 5.3 gilt $W_e\,(\sphericalangle\,(\underline{\ell},\underline{k})) < \pi/2$!) Nach Abschn. 2.3.6 ist der h-Mittelpunkt A der h-Strecke $\overline{OS}$ durch folgende Konstruktion zu erhalten (Fig. 5.4): Die Parallele zur y-Achse durch S (s; 0) schneidet den Einheitskreis in den Punkten $S_1\,(s; +\sqrt{1-s^2})$ und $S_2\,(s; -\sqrt{1-s^2})$. Die Verbindungsgerade (VS_1) mit V (0, −1) schneidet die x-Achse in A.

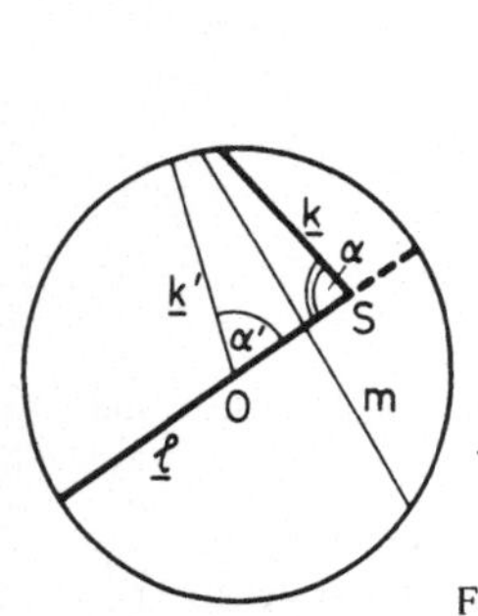

Fig. 5.3

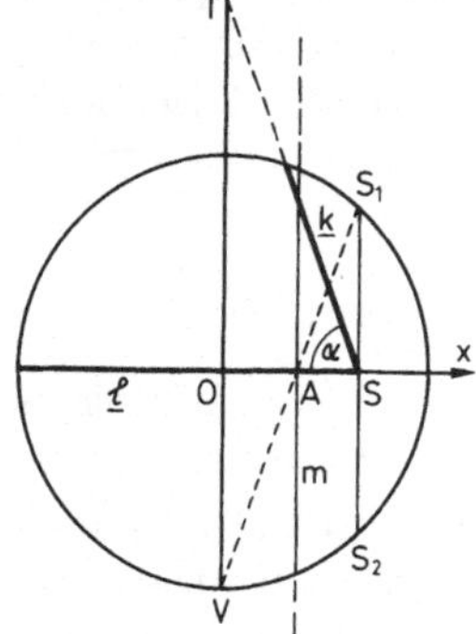

Fig. 5.4

Aus

$$(VS_1):\ y = \frac{\sqrt{1-s^2}+1}{s}\,x - 1$$

ergibt sich für

$$A:\ \ A\left(\frac{1-\sqrt{1-s^2}}{s}\,;0\right).$$

Damit hat die h-Mittelsenkrechte m der h-Strecke $\overline{OS}$ die Gleichung

$$m:\ \ x = \frac{1-\sqrt{1-s^2}}{s}\,,$$

und für die Transformationsgleichungen gemäß (1.2) ergeben sich die Werte

$$u = \frac{2}{s}, \qquad v = \frac{-2\sqrt{1-s^2}}{s}.$$

Damit ist die Polarenspiegelung S_m an der h-Mittelsenkrechten von $\overline{OS}$ festgelegt durch

$$S_m: \quad x' = \frac{s-x}{1-sx}; \qquad y' = \frac{\sqrt{1-s^2}\ y}{1-sx}.$$

Für den Bildpunkt $S_m\,(T) = T'$ ergibt sich damit $T'\,(s;\sqrt{1-s^2}\cdot t)$.

Da außerdem $S_m\,(O) = S$ und $S_m\,(S) = O$ gilt, erhalten wir in den beiden Dreiecken $\triangle SOT$ und $\triangle OST'$ (vgl. Fig. 5.5) für die Tangenswerte von α_e und α_e'

$$\tan \alpha_e = \frac{t}{s} \qquad \text{und} \qquad \tan \alpha_e' = \frac{\sqrt{1-s^2}\cdot t}{s},$$

also

$$\tan \alpha_e' = \sqrt{1-s^2}\cdot \tan \alpha_e. \tag{5.7}$$

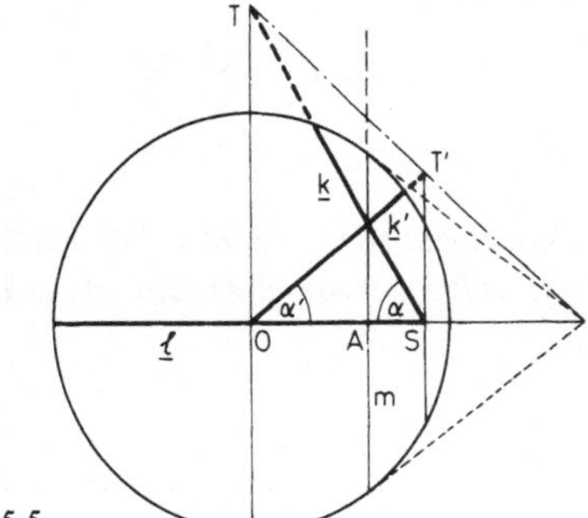
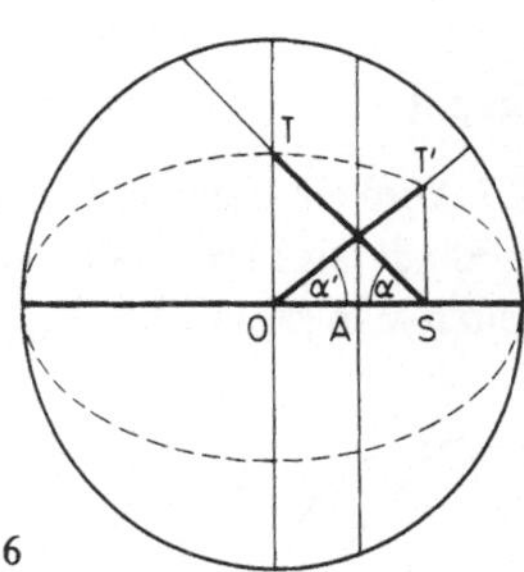

Fig. 5.5   Fig. 5.6

Wird daher ein h-Winkel, auf den unsere Voraussetzungen zutreffen, durch eine Polarenspiegelung mit seinem Scheitel auf O abgebildet, so wird sein euklidisches Winkelmaß W_e gemäß (5.7) k l e i n e r, da sein Tangenswert mit dem Faktor $\sqrt{1-s^2} < 1$ multipliziert wird.

Dieses Ergebnis hätte sich auch — für den Fall, daß T ein h-Punkt ist — qualitativ voraussagen lassen; denn wegen der h-Kongruenz der h-Dreiecke $\triangle SOT$ und $\triangle OST'$ muß T' auf der Abstandslinie von ℓ durch T liegen. Da T' im Scheitel dieser euklidischen Ellipse liegt, ist die (euklidische) Länge der h-Strecke $\overline{T'S}$ als Gegenkathete von α' sicher k l e i n e r als die der h-Strecke $\overline{TO}$ als Gegenkathete von α. Da die Ankatheten übereinstimmen, muß also gelten: $\tan \alpha_e > \tan \alpha_e'$ (Fig. 5.6).

Auf den h-Winkel α' trifft nun die Voraussetzung des Satzes 5.5 zu; d. h., es gilt

$$\alpha_e' = \alpha_h'. \tag{5.8}$$

B   Aus (5.7) folgt damit

$$\tan \alpha_h' = \sqrt{1 - s^2} \cdot \tan \alpha_e.$$ (5.9)

Da (wegen $S_m (\alpha) = \alpha'$) $\alpha \equiv_h \alpha'$ gilt, folgt aus der Invarianzforderung (5.5) für das h-Maß dieser Winkel $\alpha_h' = \alpha_h$, und daraus mit (5.9)

$$\tan \alpha_h = \sqrt{1 - s^2} \cdot \tan \alpha_e.$$

Bezeichnen wir sinngemäß einen h-Winkel, der kleiner als ein h-rechter ist, als h-spitz, so können wir danach formulieren:

Satz 5.6 Ist α ein h-spitzer Winkel, dessen einer Schenkel durch O verläuft, und ist s der (euklidisch gemessene) Abstand seines Scheitels von O, dann gilt die Beziehung:

$$\tan \alpha_h = \sqrt{1 - s^2} \cdot \tan \alpha_e$$ (5.10)

d. h. $\alpha_h < \alpha_e$ für $s \neq 0$ (5.11)

Da wir für h-Strecken untersucht haben, was mit ihrem h-Maß bei einer Annäherung an den Rand des Einheitskreises geschieht, soll das Analoge auch für h-Winkel geschehen: Rückt der Scheitel eines h-Winkels mit den in Satz 5.6 geforderten Eigenschaften bei konstantem euklidischen Winkelmaß auf den Rand des Einheitskreises zu, so strebt s offensichtlich gegen den Wert 1. Aus (5.10) folgt dann

$$\lim_{s \to 1} (\tan \alpha_h) = \lim_{s \to 1} (\tan \alpha_e \cdot \sqrt{1 - s^2}) = \tan \alpha_e \cdot \lim_{s \to 1} \sqrt{1 - s^2} = 0.$$

d. h., es gilt

Satz 5.7 Wird ein h-spitzer Winkel euklidisch kongruent so verschoben, daß sein Scheitel an den Randkreis rückt, während einer seiner Schenkel stets durch O verläuft, so konvergiert sein h-Maß gegen Null (Fig. 5.7).

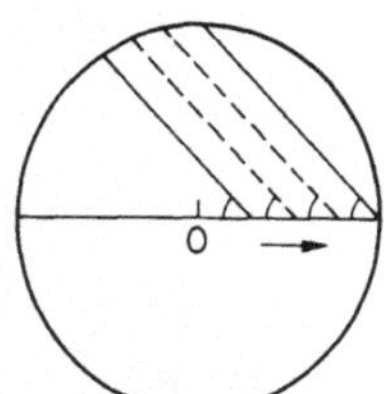

Fig. 5.7

5.3 h-Winkelsummen und h-Thales-Satz

Der in Abschn. 5.2 vorgenommene Vergleich zwischen euklidischem und h-Maß für spezielle h-Winkel reicht aus, um sehr wesentliche Unterschiede zwischen unserer Geometrie und der im h-Modell deutlich zu machen. So gilt z. B.

Satz 5.8 In jedem h-Dreieck ist die h-Winkelsumme, also die Summe der h-Maßzahlen der drei Eckwinkel, stets kleiner als π.

B e w e i s. In einem h-Dreieck kann höchstens ein Eckwinkel nicht h-spitz sein; denn nach dem Satz vom Außenwinkel der absoluten Geometrie (vgl. Satz 3.16d) ist jeder Außenwinkel eines Dreiecks größer als jeder ihm nicht benachbarte Innenwinkel[1]. Besitzt nun ein h-Dreieck einen nicht h-spitzen Winkel α, so ist sein Nebenwinkel α^* entweder ein h-rechter oder α^* ist h-spitz. Da α^* Außenwinkel dieses h-Dreiecks ist, muß jeder der beiden anderen Innenwinkel kleiner als α^* und damit h-spitz sein.

Ist nun ein beliebiges h-Dreieck gegeben, so bezeichnen wir, falls es einen nicht h-spitzen Innenwinkel besitzt, diesen mit α. (Besitzt es nur h-spitze Winkel, bezeichnen wir irgendeinen von ihnen mit α.) Die beiden anderen Innenwinkel (β und γ) sind dann auf alle Fälle h-spitz. Ist A der zu α gehörende Eckpunkt des gegebenen h-Dreiecks, dann bilde man durch eine h-Bewegung (z. B. durch eine Polarenspiegelung an der h-Mittelsenkrechten der h-Strecke $\overline{OA}$) dieses h-Dreieck mit seinem Eckpunkt A auf den Mittelpunkt O des Einheitskreises ab. Sind α', β' und γ' die (jeweils h-kongruenten) Bilder der h-Winkel α, β und γ (vgl. Fig. 5.8), so gilt bezüglich ihrer euklidischen Maße bekanntlich

$$\alpha'_e + \beta'_e + \gamma'_e = \pi .$$

(5.12)

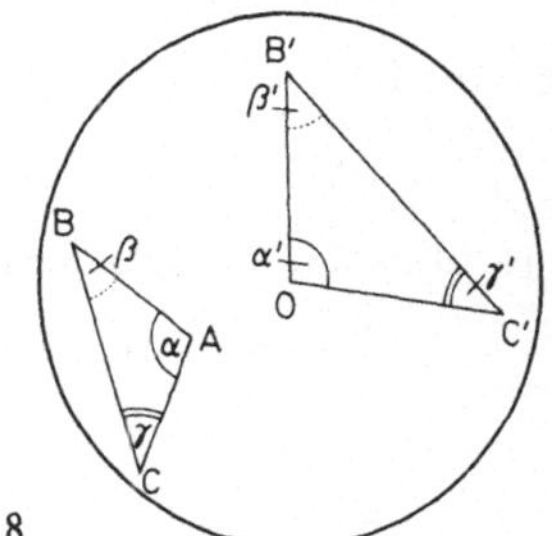

Fig. 5.8

Auf α' trifft die Voraussetzung von Satz 5.5 zu; es gilt also

$$\alpha'_e = \alpha'_h .$$

(5.13)

β' und γ' erfüllen die Voraussetzungen von Satz 5.6, d. h.

$$\beta'_h < \beta'_e \quad \text{und} \quad \gamma'_h < \gamma'_e .$$

Mit (5.12) und (5.13) folgt

$$\alpha'_h + \beta'_h + \gamma'_h = \alpha_h + \beta_h + \gamma_h < \pi .$$

Als Folgerung aus Satz 5.8 läßt sich ableiten

Satz 5.9 Die h-Winkelsumme eines jeden h-Vierecks ist stets kleiner als 2π.

---

[1] Zum Beweis vgl. z. B. Hilbert [17], § 6.

B e w e i s. Jede Diagonale zerlegt ein h-Viereck in zwei h-Dreiecke (Fig. 5.9). Wendet man auf jedes dieser h-Dreiecke Satz 5.8 an, so erhält man durch Addition für die h-Winkelsumme des h-Vierecks die Behauptung[2].

Ebenso leicht läßt sich aus Satz 5.8 folgern:

Satz 5.10 (h - T h a l e s - S a t z) Der h-Winkel im h-Halbkreis ist stets kleiner als ein h-rechter.

B e w e i s. Sei $\overline{AB}$ eine beliebige h-Strecke, M ihr h-Mittelpunkt und C ein (von den beiden h-Punkten A und B verschiedener) h-Punkt auf dem h-Halbkreis über $\overline{AB}$ (vgl. Fig. 5.10). Nach Definition des h-Kreises gilt für die h-Strecken

$$\overline{MC} \equiv_h \overline{MA} \equiv_h \overline{MB},$$

d. h., die h-Dreiecke $\triangle AMC$ und $\triangle CMB$ sind h-gleichschenklig. Also gilt

$$\sphericalangle \alpha = \sphericalangle (MAC) \equiv_h \sphericalangle (MCA) = \gamma^1 \qquad \text{und somit} \qquad \alpha_h = \gamma_h^1. \tag{5.14}$$

Entsprechend

$$\sphericalangle \beta = \sphericalangle (MBC) \equiv_h \sphericalangle (MCB) = \gamma^2 \qquad \text{und somit} \qquad \beta_h = \gamma_h^2. \tag{5.15}$$

Nach Satz 5.8 gilt

$$\alpha_h + \beta_h + (\gamma_h^1 + \gamma_h^2) < \pi.$$

Mit (5.14) und (5.15) folgt daraus

$$2\,\gamma_h^1 + 2\,\gamma_h^2 = 2\,(\gamma_h^1 + \gamma_h^2) < \pi, \qquad \text{also} \qquad \gamma_h^1 + \gamma_h^2 < \frac{\pi}{2}.$$

5.4 Der fünfte Kongruenzsatz

Wie schon in Abschn. 3.5 bemerkt wurde, gehören die vier Kongruenzsätze für Dreiecke, die wir gewöhnlich mit (SSS), (SWS), (WSW bzw. SWW) und (SSW) kennzeichnen, der absoluten Geometrie an. Damit ist ihre Gültigkeit für das h-Modell gesichert. Darüber hinaus läßt sich für die h-Geometrie ein fünfter Kongruenzsatz (WWW) beweisen:

Satz 5.11 Zwei h-Dreiecke sind h-kongruent, wenn ihre drei Winkel paarweise h-kongruent sind.

B e w e i s. Seien $\triangle ABC$ und $\triangle A'B'C'$ zwei h-Dreiecke, für deren Winkel gilt:

$$\alpha \equiv_h \alpha', \qquad \beta \equiv_h \beta' \qquad \text{und} \qquad \gamma \equiv_h \gamma'.$$

Nehmen wir an, daß die Behauptung falsch sei, dann muß es mindestens eine Dreieckseite in $\triangle ABC$ geben, die n i c h t h-kongruent zu der entsprechenden Dreieckseite in

---

[2] Unsere in Abschn. 2.5 unmittelbar der Anschauung entnommene Feststellung, daß es im h-Modell Spitzecke gibt, läßt sich also zu der Aussage verschärfen: In jedem h-Viereck mit drei h-rechten Eckwinkeln ist der vierte h-spitz.

$\triangle A'B'C'$ ist. Ohne Einschränkung der Allgemeinheit dürfen wir (gegebenenfalls nach einer Umbenennung) annehmen, daß $\overline{AC} > \overline{A'C'}$ gilt. Wegen $\alpha \equiv_h \alpha'$ gibt es eine h-Bewegung, die $\triangle A'B'C'$ so abbildet, daß das Bild A'' von A' auf A, das Bild B'' von B' auf die durch A und B festgelegte h-Halbgerade und das Bild C'' von C' auf die durch A und C festgelegte h-Halbgerade fällt. Wegen $\overline{AC} > \overline{A'C'}$ muß C'' zwischen A und C liegen (Fig. 5.11). Bezeichnen wir den Scheitelwinkel von γ'' mit $\gamma*$, so gilt $\gamma* \equiv_h \gamma''$

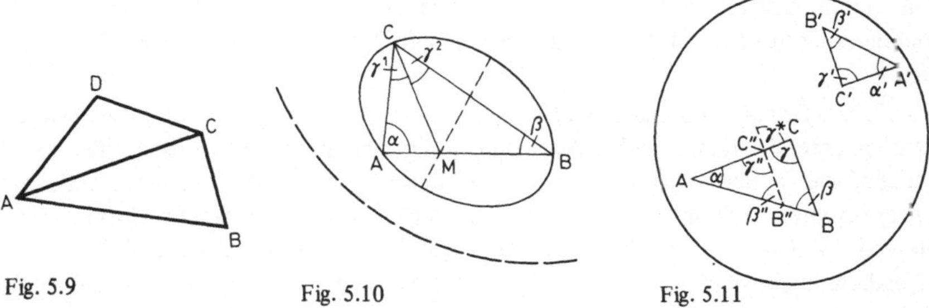

Fig. 5.9

Fig. 5.10

Fig. 5.11

und damit (wegen $\gamma'' \equiv_h \gamma'$ und der Voraussetzung) $\gamma \equiv_h \gamma*$. Nach Satz 3.16 b (der absoluten Geometrie!) kann daher der freie Schenkel von γ'' keinen h-Punkt mit der durch C und B festgelegten h-Geraden gemeinsam haben. Nach Satz 3.16 c muß dann B'' – als Schnittpunkt dieses freien Schenkels mit der durch A und B festgelegten h-Geraden – zwischen A und B liegen. Die vier h-Punkte B'', B, C und C'' bilden also ein h-Viereck! Nach Voraussetzung würde für dessen h-Winkelsumme jedoch

$$(\pi - \beta_h) + \beta_h + \gamma_h + (\pi - \gamma_h) = 2\pi$$

gelten, im Widerspruch zu Satz 5.9. Unsere Annahme, die beiden h-Dreiecke $\triangle ABC$ und $\triangle A'B'C'$ seien nicht h-kongruent, ist also falsch.

Die bedeutsamen Konsequenzen von Satz 5.11 bezüglich der Geometrie im h-Modell werden durch die lapidare Feststellung, die h-Kinder hätten eben einen Kongruenzsatz m e h r als unsere Schüler zu lernen, nur recht unvollständig beschrieben! Der fünfte Kongruenzsatz besagt vielmehr, daß es außer h-kongruenten keine „ähnliche" h-Dreiecke gibt. Da sich jedes Vieleck in Dreiecke zerlegen und sich jede ebene „Figur" durch Vielecke beliebig genau approximieren läßt, können also in der h-Welt zwei Figuren, die nicht h-kongruent sind, niemals ähnlich zueinander sein.

Diese Tatsache mag unser Vorstellungsvermögen etwas strapazieren, wenn wir versuchen, uns das „tägliche Leben" in der h-Welt zu veranschaulichen: So können z. B. Landkarten oder Bauzeichnungen ihren Originalen nicht ähnlich sein. In einer h-Schrift können die Buchstaben einer (größeren) Überschrift nicht gleichzeitig in Winkeln und Streckenverhältnissen mit denen des gewöhnlichen Textes übereinstimmen. Techniken zur Freizeitgestaltung, die auf der Übermittlung ähnlicher, verkleinerter oder vergrößerter Bilder basieren, wie Photographieren, Kino, Fernsehen etc., sind nicht möglich. Als Ausgleich fällt dafür aber auch in den h-Schulen die Behandlung einer „Ähnlichkeitslehre" wegen Nichtexistenz fort.

A   **5.5 h-geometrische „Legespiele"**

Die in den beiden vorigen Abschnitten aufgezeigten Unterschiede zur euklidischen Geometrie haben natürlich für die hypothetischen h-Schulen auch d i d a k t i s c h e Konsequenzen! Für den Geometrie-Stoff der M i t t e l s t u f e wurden diese schon skizziert:
Aufnahme des fünften Kongruenzsatzes (WWW) und Streichung der Ähnlichkeitslehre
samt der auf ihr basierenden Konstruktionsaufgaben. (Zu letzteren gehört u. a. auch
die Teilung einer Strecke mit Zirkel und Lineal in n gleiche Teile, wenn n keine Zweier-
potenz ist.)

Aber auch jene Grunderfahrungen, die bei uns in der P r i m a r s t u f e vermittelt und
häufig noch unter der traditionellen Bezeichnung „Formenkunde" zusammengefaßt
werden, bedürfen in der h-Welt einer völlig andersartigen Fundierung. Denken wir z. B.
an die sogenannten „Legespiele": Bei ihnen werden bekanntlich − entweder selbsther-
gestellte oder von der Lehrmittelindustrie vertriebene − kongruente „Grundfiguren"
(wie Quadrate, rechtwinklig-gleichschenklige oder gleichseitige Dreiecke) so zu Polygonflächen zusammengefügt, daß neue geometrische Formen entstehen. Diese zusammen-
gesetzten Figuren können dabei

1. zur jeweiligen Grundfigur ähnlich sein (vgl. Fig. 5.12) oder
2. auf eine andere geometrische Form führen (vgl. Fig. 5.13).

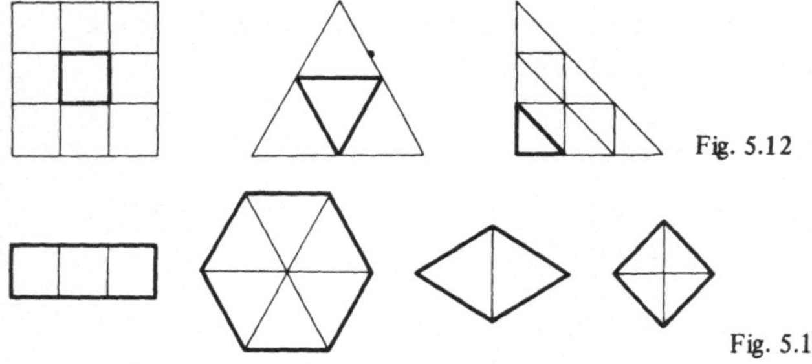

Fig. 5.12

Fig. 5.13

Daß Aufgabenstellungen gemäß der Kategorie 1 in der h-Welt unlösbar sind, ist nach
unseren Bemerkungen zur Ähnlichkeitslehre eine triviale Feststellung. (Damit entfällt
leider auch die bei uns bewährte Methode, Primarstufenschüler durch solche Aufgaben
die Folge der Quadratzahlen selbst „entdecken" zu lassen.) Um auch die Andersartigkeit der Aufgabenlösungen der Kategorie 2 zu verdeutlichen, genügt die Beschränkung
auf Quadrate und gleichseitige Dreiecke.

Damit h-kongruente h-Quadrate (h-gleichseitige h-Dreiecke) lückenlos (und unbegrenzt)
aneinandergelegt werden können, muß das h-Maß des Vollwinkels (also 2π) durch das
h-Maß des Eckwinkels α teilbar sein:

$$\alpha_h = \frac{2\pi}{k} \qquad \text{mit } k \in \mathbf{N}.$$

Nach Satz 5.9 muß für das h-Quadrat zusätzlich $k > 4$ und nach Satz 5.8 für das h-
gleichseitige h-Dreieck $k > 6$ gelten; d. h., die h-Legespiele müßten unendlichviele

(in der Größe verschiedene) „Sätze" untereinander h-kongruenter h-Quadrate (für k = 5, 6, 7, . . .) und h-gleichseitiger h-Dreiecke (für k = 7, 8, 9, . . .) enthalten. Mit einem solchen „Satz" ließe sich dann jeweils eine Parkettierung (oder Teilparkettierung) der h-Ebene so durchführen, daß in jedem Eckpunkt jeweils k h-Quadrate (h-Dreiecke) zusammenstoßen.

Fig. 5.14 zeigt eine Teilparkettierung am Beispiel des kleinstmöglichen h-Quadrates (k = 5), aus der sich viele Aufgaben der Kategorie 2 ableiten lassen. Legt man z. B. drei dieser h-Quadrate nebeneinander (Fig. 5.13 a)), so entsteht ein h-Achteck, dessen Seiten alle untereinander h-kongruent sind, und dessen Ecken auf einer Abstandslinie zu jener h-Geraden liegen, die als Symmetrieachse durch alle drei h-Quadrate verläuft.

Jeweils 5 in einer Ecke zusammenstoßender Quadrate bilden ein konvexes h-10-Eck, 13 dieser h-Quadrate lassen sich zu einem konvexen h-20-Eck zusammenfügen.

In Fig. 5.15 ist eine Parkettierung mit jenem h-gleichseitigen h-Dreieck angedeutet, dessen Eckwinkel das h-Maß $\pi/4$ besitzt (k = 8). In jeder Ecke stoßen 8 dieser h-Dreiecke zusammen, so daß ein konvexes h-Achteck entsteht. Dieses h-Achteck ist „regulär" (seine Ecken liegen alle auf einem h-Kreis, seine Seiten und Eckwinkel sind untereinander h-kongruent) und, da jeder Eckwinkel ein h-rechter ist, darüber hinaus ein Pseudorechteck!

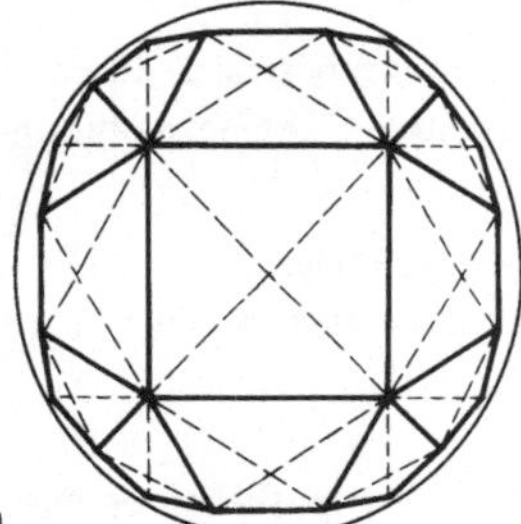

Fig. 5.14

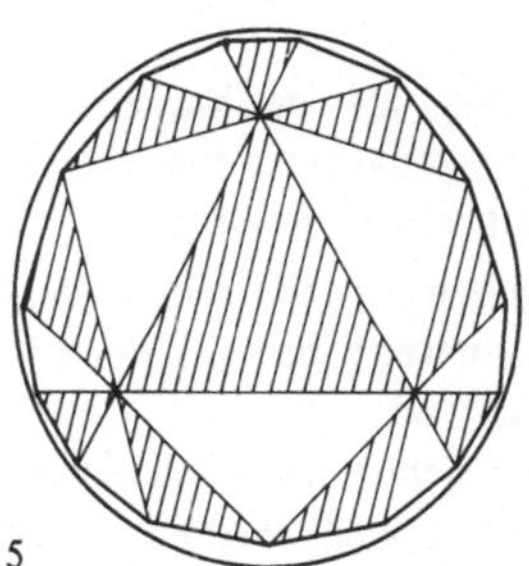

Fig. 5.15

Diese zwei Beispiele mögen dem Leser zur Anregung dienen, analoge h-Legespiele (z. B. mit h-rechtwinklig h-gleichschenkligen Dreiecken, oder Parkettierungen mit zwei verschiedenen „Grundelementen") durch „Übersetzung" bekannter Aufgabenstellungen im Euklidischen zu entwickeln.

Es sei hier ausdrücklich bemerkt, daß solche „h-Puzzles" neben einem gewissen ästhetischen Befriedigungseffekt auch einen respektablen mathematischen „Nährwert" haben können: So läßt sich z. B. durch ein analoges Zusammenlegen h-rechtwinkliggleichschenkliger h-Dreiecke beweisen (vgl. [29]), daß in gewissen Fällen die berühmte „Quadratur eines Kreises" mit Zirkel und Lineal in der h-Welt möglich ist (vgl. Aufgabe 5.4 und 6.5)!

Aufgaben

5.1 Ein h-Quadrat liegt mit seinen Ecken symmetrisch zum Mittelpunkt O des Einheitskreises. Die euklidische Länge seiner Seiten sei L_e (a) = 6/5.

B a) Man berechne die h-Längenmaße seiner Seiten, Mittenlinie und Diagonalen.
b) Man begründe, weshalb in der Literatur h-Quadrate häufig nach Art der Fig. 5.16 dargestellt werden.

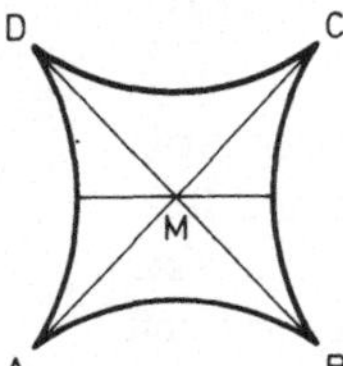

c) Man zeige, daß auch in den h-Längenmaßen für das Teildreieck $\triangle MAB$ die Dreiecksungleichung erfüllt ist.

5.2 a) Man berechne die euklidische Radiuslänge des „h-Einheitskreises" L_h $(r) = 1$ und die des h-Kreises mit L_h $(r) = 1/2$.
b) Man bestimme das h-Maß der Eckwinkel jener h-Quadrate, die den beiden h-Kreisen von a) einbeschrieben sind.

5.3 Ein h-Rechteck mit den euklidischen Seitenlängen $a_e = 4/5$ und $b_e = 3/5$ liegt symmetrisch zu 0. Man zeichne es und berechne das h-Maß seiner Eckwinkel.

5.4 Zerlegt man das h-Quadrat, dessen Eckwinkel das h-Maß $\pi/6$ besitzen, durch beide Diagonalen, so entstehen h-gleichschenklige h-rechtwinklige Dreiecke eines h-geometrischen Legespiels.
a) Man berechne die euklidische Länge der Katheten dieser h-Dreiecke.
b) Man beweise, daß sich ein solches h-Dreieck mit Zirkel und Lineal k o n s t r u -
i e r e n läßt!
c) Man zeichne das h-Quadrat in Mittelpunktlage.
d) Man begründe, weshalb sich mit diesem h-Quadrat die h-Ebene parkettieren läßt, und beschreibe das h-Polygon, das durch jene h-Quadrate gebildet wird, die in einer Ecke zusammenstoßen.

5.5 Ein h-Legespiel besteht aus h-gleichschenkligen h-Dreiecken. Das h-Maß ihrer Scheitelwinkel ist $\pi/4$, das ihrer Basiswinkel $\pi/8$.

a) Gesucht ist der euklidische Radius des Umkreises jenes regulären h-Achteckes, das sich aus diesen h-Dreiecken zusammensetzen läßt, und die h-Winkelsumme dieses h-Achtecks.

b) Auch mit diesen h-Dreiecken läßt sich die h-Ebene parkettieren. (Begründung?)

5.6 Ein h-Dreieck hat die Eckpunkte A $(0; -7/10)$, B $(7/10; 0)$ und C $(2/5; 3/10)$. Gesucht sind die h-Maße seiner Eckwinkel.

6 Flächenmessung im h-Modell

6.1 Flächenmaß, Zerlegungs- und Ergänzungsgleichheit

Bekanntlich verwenden wir in der Schule ein spezielles „Legespiel", nämlich eines mit
sog. „Einheitsquadraten", um das Flächenmaß von Polygonen einzuführen.

Dabei lassen wir in der Regel zunächst ein Rechteck, dessen Seitenlängen wir „passend"
gewählt haben, mit solchen Einheitsquadraten auslegen und definieren jene (natürliche)
Zahl, die angibt, wieviele Einheitsquadrate zur Auspflasterung benötigt werden, als
Maßzahl der Rechteckfläche (vgl. z. B. [9]). Später erklären wir – durch eine „Verfei-
nerung" des Quadratnetzes – auch r a t i o n a l e Maßzahlen für sinnvoll, und noch
später dehnen wir – durch Nachweis einer beliebig genauen Approximierbarkeit von
irrationalen Zahlen durch rationale – die Flächeninhaltsformel $F = a \cdot b$ auch auf Recht-
ecke mit inkommensurablen Seiten aus. Weiterhin werden Rechteckflächen durch Ein-
zeichnen einer Diagonalen halbiert, so daß sich auch D r e i e c k e n Flächenmaß-
zahlen zuordnen lassen; und schließlich werden durch Triangulierung auch allgemeine
Polygonflächen erfaßt.

Daß sich dieses Vorgehen nicht in völliger Analogie auf das h-Modell übertragen läßt,
ist wegen der Nichtexistenz von „echten" Quadraten und Rechtecken klar. Wir werden
im weiteren Verlauf unserer Betrachtungen sogar folgenden „merkwürdigen" Unterschied feststellen: Während in der euklidischen Geometrie stets irgendwelche L ä n g e n -
maße zur Berechnung des Flächeninhalts ermittelt werden müssen (die der Seiten beim
Rechteck, die von Grundseite und Höhe beim Dreieck etc.) sind für Polygone im h-
Modell lediglich die W i n k e l maße von Bedeutung.

Trotz dieser anscheinend gravierenden Andersartigkeit erheben wir die Forderung, daß
das h-Flächenmaß für h-Polygone F_h (P) mit dem euklidischen Flächenmaß F_e (P) in
folgenden Eigenschaften übereinstimmen soll:

$$F (P) \geqslant 0. \hspace{3cm} \text{(Definitheit)} \hspace{2cm} (6.1)$$

Der Flächeninhalt ist eine nichtnegative Zahl.

$$\text{Aus} \quad P_1 \equiv P_2 \quad \text{folgt} \quad F (P_1) = F (P_2). \hspace{1.5cm} \text{(Invarianz)} \hspace{1.5cm} (6.2)$$

Kongruente Polygone haben gleichen Flächeninhalt.

$$F (P) = F (P_1) + F (P_2)$$

$$\text{falls} \quad [P] = [P_1] \cup [P_2] \quad \text{und} \quad (P_1) \cap (P_2) = \emptyset.^{1)} \quad \text{(Additivität)} \hspace{1cm} (6.3)$$

Zerlegt man ein Polygon P in zwei disjunkte Teilpolygone, so ist der Flächeninhalt von
P die Summe der Flächeninhalte der beiden Teilpolygone.

Außerdem soll einem bestimmten Polygon eine Zahl als „Einheit" zugeordnet werden.

---

[1] Dabei bedeutet [P] die abgeschlossene Menge der inneren Punkte von P (mit Rand)
und (P) die offene Menge der inneren Punkte von P (ohne Rand).

A Falls ein solches Funktional im h-Modell existiert (und wir werden uns um diesen Nachweis bemühen), wird also jedem h-Polygon eine nichtnegative reelle Zahl als sein h-Flächenmaß zugeordnet. Doch erlauben es die Forderungen (6.2) und (6.3), unter gewissen Bedingungen von zwei Polygonen festzustellen, daß sie d a s s e l b e h-Flächenmaß besitzen, ohne den speziellen Zahlenwert zu kennen. (Es liegt hier eine gewisse Analogie zur Kardinalzahl von Mengen vor: Um festzustellen, daß zwei Mengen d i e s e l b e Kardinalzahl haben, genügt der Nachweis, daß sie sich bijektiv aufeinander abbilden lassen. Die Kenntnis der Kardinalzahl selbst ist dabei entbehrlich.) Dazu definieren wir allgemein[1] die Relationen der Zerlegungs- und Ergänzungsgleichheit zwischen (einfachen) Polygonen.

B **Definition 6.1** Zwei Polygone P_1 und P_2 heißen z e r l e g u n g s g l e i c h (in Zeichen: $P_1 \underset{z}{=} P_2$), wenn sie in eine endliche Anzahl von Dreiecken zerlegt werden können, die paarweise einander kongruent sind.

Nach dieser Definition sind z. B. das h-Fünfeck P_1 und das h-Viereck P_2 der Fig. 6.1 zerlegungsgleich. Sie sind sicher — wegen der ungleichen Eckenzahl — nicht zueinander h-kongruent. Aber sie lassen sich in paarweise h-kongruente h-Dreiecke zerlegen. In diesem Fall handelt es sich um jene h-gleichschenkligen, h-rechtwinkligen Dreiecke, aus denen sich die h-Quadrate der Fig. 5.14 zusammensetzen lassen.

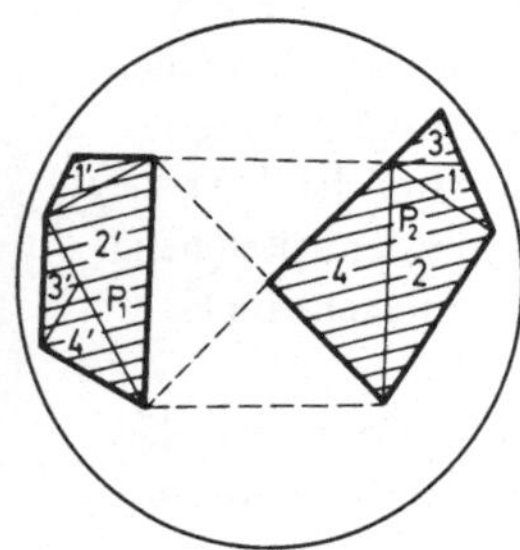

Fig. 6.1

Es gilt nun allgemein

Satz 6.1 Die Zerlegungsgleichheit ist eine Äquivalenzrelation.

B e w e i s. Reflexivität und Symmetrie folgen unmittelbar aus Definition 6.1. Zum Nachweis der Transitivität setzen wir voraus, daß für drei Polygone P_1, P_2 und P_3 gilt: $P_1 \underset{z}{=} P_2$ und $P_2 \underset{z}{=} P_3$. Danach existieren für P_2 zwei — nicht notwendig identische — Zerlegungen Z_1 und Z_2, durch die jeweils die Zerlegungsgleichheit von P_2 zu P_1: Z_1 bzw. von P_2 zu P_3: Z_2 begründet ist (Fig. 6.2 a))[2]. Zieht man nun beide Zerlegungen gleichzeitig in Betracht, d. h. denkt man sich Z_1 auf Z_2 „gelegt" (Fig. 6.2 b, mittl. Figur), so liegt eine Zerlegung von P_2 in endlichviele P o l y g o n e vor. Jedes dieser Teilpolygone läßt sich, so es nicht schon selbst ein Dreieck ist, wieder in Dreiecke zer-

---

[1] D. h. für Geometrien, in denen eine Kongruenz zwischen Dreiecken erklärt ist.
[2] Um das Verständnis des Wesentlichen nicht unnötig zu erschweren, veranschaulichen Fig. 6.2, 6.3 und 6.6 die Sachverhalte im Euklidischen.

legen. Die so entstandene – i. a. „feinere" – Zerlegung Z' von P_2 in Dreiecke läßt sich sowohl auf P_1 als auch auf P_3 übertragen (Fig. 6.2 b), da hierbei die nach der Voraussetzung vorhandenen paarweise kongruenten Dreiecke lediglich weiter in Teildreiecke zerlegt werden. Das heißt aber, daß dadurch P_1 und P_3 in endlichviele paarweise kongruente Dreiecke zerlegt und somit nach Definition 6.1 zerlegungsgleich sind.

Bisweilen kann für zwei Polygone leichter als die Zerlegungsgleichheit die Ergänzungsgleichheit nachgewiesen werden.

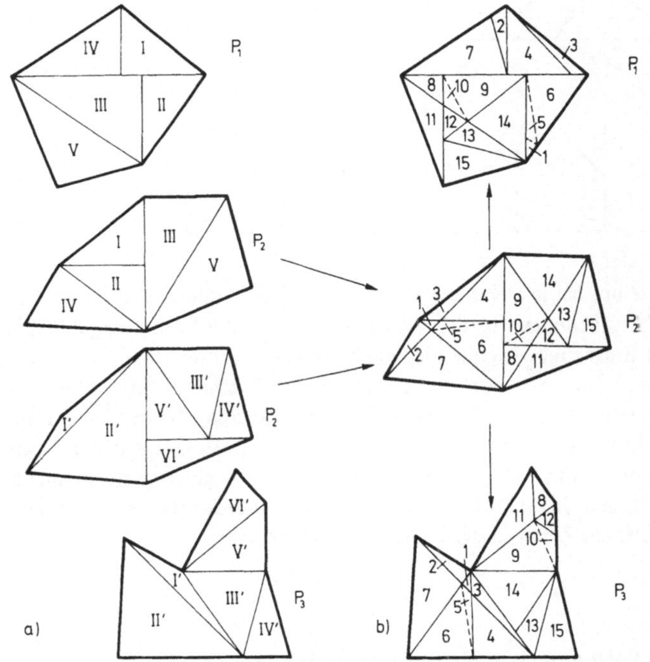

Fig. 6.2

Definition 6.2 Zwei (einfache) Polygone P_1 und P_2 heißen e r g ä n z u n g sgleich (in Zeichen: $P_1 \underset{er}{=} P_2$), wenn sich zu beiden endlichviele paarweise kongruente Dreiecke so hinzufügen lassen, daß die dadurch entstehenden Gesamtpolygone P_1' und P_2' zueinander zerlegungsgleich sind.

Auch von der Ergänzungsgleichheit läßt sich nachweisen, daß sie eine Äquivalenzrelation in der Menge aller Polygone ist (vgl. Aufgabe 6.1).

(Fig. 6.3 zeigt drei Polygone P_1, P_2 und P_3, bei denen die Beziehungen $P_1 \underset{er}{=} P_2$ und $P_2 \underset{er}{=} P_3$ deshalb besonders leicht erkennbar sind, weil die Gesamtpolygone (Trapez bzw. rechtwinkliges Dreieck) jeweils nicht nur zerlegungsgleich sondern sogar kongruent sind.)

Inhaltlich sind die Relationen der Zerlegungs- und Ergänzungsgleichheit schon in Euklids „Größenaxiomen" ausgesprochen, nämlich: „Wenn man zu gleichen Dingen gleiche

B Dinge hinzufügt, so erhält man gleiche Dinge" und „Wenn man von gleichen Dingen gleiche Dinge wegnimmt, so erhält man gleiche Dinge".

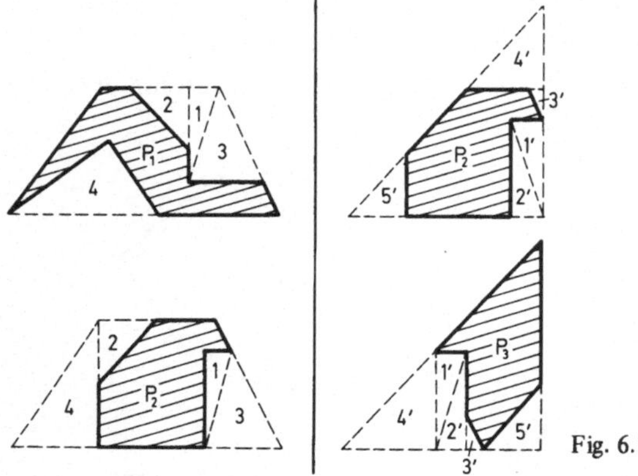

Diese uns heute etwas „vage" erscheinenden Formulierungen sowie die besonders „einfach" gehaltenen Fig. 6.2 und 6.3 könnten zu der Vermutung führen, daß Zerlegungs- und Ergänzungsgleichheit lediglich f o r m a l unterschiedliche Umschreibungen desselben „Sachverhaltes" (etwa „gleicher Flächeninhalt") seien. Deshalb sei hier der Hinweis (vgl. [17], S. 72) gegeben, daß in nichtarchimedischen Geometrien, in denen also das Hilbertsche Axiom V 1 nicht erfüllt ist (vgl. Vorbetrachtung in Abschn. 3.4), sich immer zwei Dreiecke angeben lassen, die zwar ergänzungsgleich, nicht aber zerlegungsgleich sind. In den folgenden Ausführungen werden wir daher nur den (etwas „engeren") Begriff der Zerlegungsgleichheit (s. [15]) benützen.

6.2 Defekt und h-Flächenmaß von h-Dreiecken

Das bisher von uns noch nicht gelöste Problem, ob sich im h-Modell zu jedem h-Polygon P überhaupt ein Funktional F_h (P) mit den Eigenschaften (6.1), (6.2) und (6.3) finden läßt, soll zunächst für den Spezialfall in Angriff genommen werden, daß die h-Polygone h - D r e i e c k e sind.

Auf der Suche nach diesem Funktional für h-Dreiecke läßt sich zunächst aus der Invarianzforderung (6.2) und den Kongruenzsätzen (einschließlich des fünften) schließen, daß zwei h-Dreiecke, deren sämtliche Winkel paarweise h-kongruent sind, sicher dasselbe h-Flächenmaß haben müssen. Da h-kongruente h-Dreiecke trivialerweise dieselbe Winkelsumme haben, könnte man zunächst vermuten, daß man mit dem h-Maß W_h der Winkelsumme vielleicht schon ein solches Funktional gefunden habe. Diese Vermutung wird jedoch durch die Forderung (6.3) (Additivität) widerlegt: Denn zerlegen wir ein h-Dreieck Δ mit den Eckwinkeln α, β und γ durch eine Transversale in zwei Teildreiecke Δ_1 und Δ_2 (Fig. 6.4), dann gilt für die h-Maße der Winkelsummen

$$W_h^1 + W_h^2 = (\alpha_h + \epsilon_h + \gamma_h') + (\epsilon_h' + \beta_h + \gamma_h'') = (\alpha_h + \beta_h + \gamma_h' + \gamma_h'') + \epsilon_h + \epsilon_h'$$
$$= W_h + \pi.$$

B

Es ergibt sich also eine Zahl, die „um π" zu groß ist.

Da nach Satz 5.8 für das h-Maß der Winkelsumme eines h-Dreiecks stets $W_h < \pi$ gilt, können wir statt mit W_h selbst einmal mit jener Zahl die Probe machen, die W_h zu π „ergänzt", also mit $\pi - W_h$. Wir erhalten dann

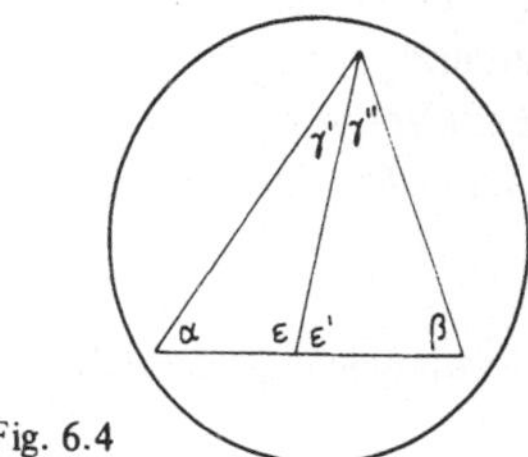

Fig. 6.4

$$(\pi - W_h^1) + (\pi - W_h^2) = [\pi - (\alpha_h + \epsilon_h + \gamma_h')] + [\pi - (\epsilon_h' + \beta_h + \gamma_h'')]$$
$$= 2\pi - (\alpha_h + \beta_h + \gamma_h) + \pi = \pi - W_h.$$

Die Forderung (6.3) ist damit erfüllt! Wegen $W_h < \pi$ gilt auch stets $\pi - W_h > 0$ für jedes h-Dreieck, und da mit $W_h = W_h'$ auch $\pi - W_h = \pi - W_h'$ gilt, wird auch die Invarianzforderung (6.2) genügt.

Definition 6.3 Unter dem D e f e k t eines h-Dreiecks Δ (in Zeichen def (Δ)), dessen Winkelsumme das h-Maß W_h besitzt, verstehen wir die Zahl

$$\text{def } (\Delta) = \pi - W_h.$$

Die Begriffsbildung „Defekt eines Dreiecks" wäre auch im Euklidischen prinzipiell möglich, jedoch nicht sonderlich „ertragreich", da nach dem Satz über die Winkelsumme dort jedes Dreieck den Defekt Null hätte.

Mit dem Defekt haben wir für h-Dreiecke zwar e i n Funktional gefunden, das den in Abschn. 6.1 erhobenen Forderungen genügt, doch ist es sicher nicht das einzig mögliche. Man sieht unmittelbar ein, daß auch jedes Funktional der Form $C \cdot$ def (Δ) (mit $C =$ const und $C > 0$) dieselben Eigenschaften besitzt.

Daß es aber darüber hinaus noch andere solche Funktionale gibt, die stetig sind, ist nach Fußnote 1, S. 83, ausgeschlossen.

Wir setzen $C = 1$ und vereinbaren:

Definition 6.4 Unter dem h-Flächenmaß F_h (Δ) eines h-Dreiecks Δ verstehen wir seinen Defekt: F_h (Δ) = def (Δ).

Damit haben wir zwar unser eingangs gestelltes Problem nach der Existenz eines h-Flächenmaßes für h-Dreiecke gelöst, jedoch noch nicht geklärt, ob diese Definition auch zu einer „nichttrivialen" Klasseneinteilung aller h-Dreiecke in der h-Welt führt.

Da die Eigenschaft „nichttrivial" bezüglich einer Klasseneinteilung nicht definiert ist, sei an ihrem Negat das hier Gemeinte erklärt: Wäre einerseits Definition 6.4 so geartet, daß

B durch sie n u r zueinander h - k o n g r u e n t e Dreiecke dasselbe h-Flächenmaß erhielten, wäre sie überflüssig, da sie dann kein neues Einteilungskriterium für h-Dreiecke
darstellte. Hätte sie andererseits für die h-Welt dieselbe Konsequenz wie ihre Übersetzung
im Euklidischen − „Dreiecke mit gleicher Winkelsumme besitzen denselben Flächeninhalt" −, wäre sie ebenfalls „unbrauchbar". Denn da im Euklidischen alle Dreiecke dieselbe Winkelsumme besitzen, hätten sie danach alle denselben Flächeninhalt; es gäbe
nur e i n e Klasse flächeninhaltsgleicher Dreiecke, die mit der Menge a l l e r Dreiecke
identisch wäre.

Deshalb soll im folgenden untersucht werden, wie sich diejenigen h-Dreiecke, die dieselbe
Winkelsumme − und damit dasselbe h-Flächenmaß − besitzen, so charakterisieren lassen, daß ein Vergleich mit den Verhältnissen im Euklidischen möglich wird. Dazu werden
wir auf die in Abschn. 6.1 definierte Zerlegungsgleichheit von Polygonen zurückgreifen.

6.3 Zerlegungsgleichheit von h-Dreiecken

Zwei zerlegungsgleiche h-Dreiecke Δ_1 und Δ_2 haben nach Definition 6.4 sicher dasselbe
h-Flächenmaß. Denn lassen sich Δ_1 und Δ_2 in paarweise h-kongruente Teildreiecke zerlegen, so stimmen diese Teildreiecke trivialerweise in ihrer Winkelsumme und damit in
ihren Defekten überein. Da die Defekte der Teildreiecke die Additivitätsforderung (6.3)
erfüllen, ergibt sich auch für ihre Summen (also für die Defekte von Δ_1 und Δ_2) jeweils
dieselbe Zahl. (Dieser Umstand war für uns ja gerade der Anlaß für die Formulierung von
Definition 6.4.)

Wir wollen nunmehr den Zusammenhang von h-Flächenmaß und Zerlegungsgleichheit
von h-Dreiecken in , , u m g e k e h r t e r R i c h t u n g ' ' untersuchen, indem wir
die Frage stellen, ob h-Dreiecke mit demselben h-Flächenmaß auch stets zerlegungsgleich sind. Es wird sich zeigen, daß die − nicht ganz einfache − Lösung dieses Problems
uns gleichsam als „Nebenprodukt" Sätze liefert, die einen Vergleich mit den Verhältnissen im Euklidischen erleichtern.

Sei $\triangle$ABC ein beliebiges h-Dreieck, P und Q seien die h-Mittelpunkte seiner Seiten $\overline{AC}$
und $\overline{BC}$ und k die durch P und Q festgelegte h-Gerade. Fällen wir jetzt von den Eckpunkten A, B und C die h-Lote auf k, so erhalten wir auf k die Punkte A_1, B_1 und C_1.
Dabei setzen wir zunächst voraus, daß (vgl. Fig. 6.5) C_1 zwischen P und Q liegen möge.

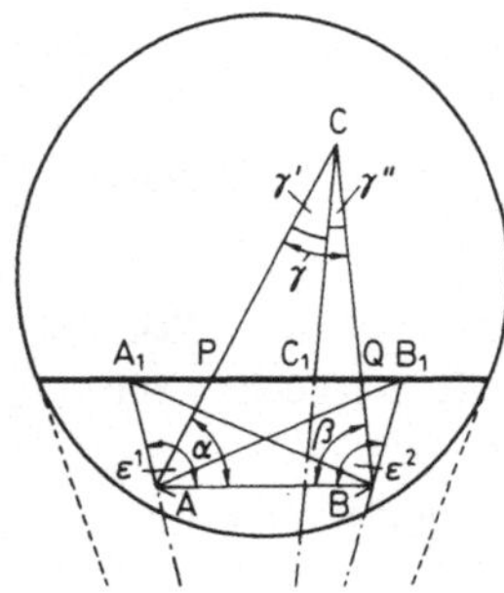

Fig. 6.5

Nach dem Kongruenzsatz (SWW) läßt sich ableiten

$$\triangle C_1 QC \equiv_h \triangle B_1 QB, \tag{6.4}$$

und daraus folgt

$$\overline{BB_1} \equiv_h \overline{CC_1}. \tag{6.5}$$

Entsprechend folgt aus

$$\triangle CC_1 P \equiv_h \triangle AA_1 P \text{ (SWW)} \tag{6.6}$$

$$\overline{CC_1} \equiv_h \overline{AA_1}. \tag{6.7}$$

Also gilt (aus (6.5) und (6.7))

$$\overline{AA_1} \equiv_h \overline{BB_1}. \tag{6.8}$$

Zeichnen wir in das h-Viereck $\square ABB_1 A_1$ die beiden Diagonalen $\overline{AB_1}$ und $\overline{A_1 B}$ ein, so gilt weiterhin wegen der h-Kongruenz der beiden h-Dreiecke $\triangle A_1 B_1 A$ und $\triangle B_1 A_1 B$ (SWS): $\overline{AB_1} \equiv_h \overline{A_1 B}$. Daraus folgt

$$\triangle A_1 BA \equiv_h \triangle B_1 AB \text{ (SSS)}$$

und daraus schließlich

$$\measuredangle A_1 AB = \epsilon^1 \equiv_h \measuredangle B_1 BA = \epsilon^2. \tag{6.9}$$

Das h-Viereck $\square ABB_1 A_1$ ist also ein h-gleichschenkliges, h-rechtwinkliges Trapez, das wir schon in der Fußnote zu Satz 4.5 als Saccheri-Viereck kennengelernt haben. Die Seite $\overline{A_1 B_1}$, an der die beiden h-rechten Winkel liegen, heißt seine Basis, die Seite $\overline{AB}$ Antibasis. Nach (6.9) sind also die Antibasiswinkel des Saccheri-Vierecks zueinander h-kongruent.

Bezeichnen wir das h-Maß der Winkelsumme des Dreiecks $\triangle ABC$ mit W_h, so läßt sich mit Fig. 6.5 aus (6.4) und (6.6) folgern:

$$\epsilon_h^1 + \epsilon_h^2 = \gamma_h' + \alpha_h + \beta_h + \gamma_h'' = W_h,$$

und daraus mit (6.9)

$$\epsilon_h^1 = \epsilon_h^2 = \frac{1}{2} \cdot W_h. \tag{6.10}$$

Wie man sich leicht überlegt, ändert sich die Beweisführung nur unwesentlich, wenn der Fußpunkt C_1 des h-Lotes von C auf k n i c h t zwischen P und Q liegt. Liegt z. B. Q zwischen P und C_1 (vgl. Fig. 6.6 c))[1], so ist zwar das h-Dreieck $\triangle C_1 QC$ Teildreieck des h-Dreiecks $\triangle C_1 CP$, jedoch gelten die h-Kongruenzen (6.4) bis (6.8) unverändert. Fällt C_1 auf Q (bzw. P) und damit auch auf B_1 (bzw. A_1), so gilt unmittelbar (6.5) (bzw. (6.7)). Wir sagen, daß sich das so konstruierte Saccheri-Viereck S_4 „dem h-Dreieck $\triangle ABC$ an der Seite $\overline{AB}$ anschließt". Nach den vorstehenden Überlegungen können wir formulieren:

---

[1] Vgl. Fußnote 2, S. 96.

Satz 6.2 Für die Antibasiswinkel ϵ^1 und ϵ^2 desjenigen Saccheri-Vierecks, das sich einem h-Dreieck $\triangle ABC$ an einer Seite anschließt, gilt

$$\epsilon_h^1 = \epsilon_h^2 = \frac{1}{2} \cdot W_h,$$

wenn W_h die Winkelsumme von $\triangle ABC$ ist.

Darüber hinaus gilt der wichtige

Satz 6.3 Jedes h-Dreieck ist zu dem Saccheri-Viereck zerlegungsgleich, das sich ihm an einer Seite anschließt.

B e w e i s. Bezeichnen A_1 und B_1 wieder die Fußpunkte der h-Lote von A und B auf k, so nehmen wir bezüglich der Lage der h-Mittelpunkte P und Q der Seiten $\overline{AC}$ und $\overline{BC}$ folgende Fallunterscheidung vor:

1. b e i d e Punkte P und Q liegen zwischen A_1 und B_1.
2. g e n a u e i n e r von ihnen liegt zwischen A_1 und B_1 und
3. k e i n e r der beiden liegt zwischen A_1 und B_1.

Im 1. Fall zerlegt eine Diagonale das gemeinsame h-Viereck $\square ABQP$ in zwei h-Dreiecke, und die Zerlegungsgleichheit ist sofort ersichtlich (Fig. 6.6 a).

Im 2. Fall muß das gemeinsame h-Viereck $\square ABB_1P$ (Fig. 6.6 b und c) bzw. $\square ABQA_1$ noch durch eine Diagonale zerlegt werden; ansonsten ist die Zerlegungsgleichheit entsprechend einfach ableitbar.

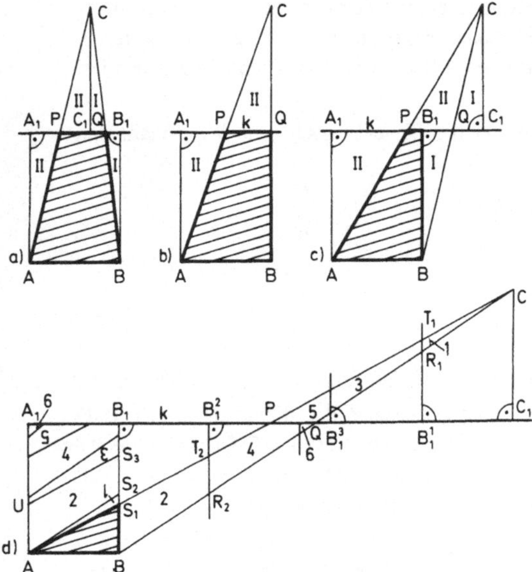

Fig. 6.6

Problematisch ist lediglich der 3. Fall (Fig. 6.6 d). Um auch für ihn die Behauptung zu verifizieren, gehen wir (in Anlehnung an Baldus) wie folgt vor:

Wegen $\triangle AA_1P \equiv_h \triangle CC_1P$ (SWW) gilt

$$\overline{A_1P} \equiv_h \overline{C_1P} \tag{6.11}$$

und wegen $\triangle BB_1Q \equiv_h \triangle CC_1Q$ (SWW) gilt

$$\overline{B_1Q} \equiv_h \overline{C_1Q} \tag{6.12}$$

Führt man nun an P eine h-Punktspiegelung D_h^P aus, so folgt aus (6.11)

$$D_h^P (A_1) = C_1 \quad \text{und} \quad D_h^P (C_1) = A_1.$$

Eine h-Punktspiegelung D_h^Q liefert dagegen wegen (6.12)

$$D_h^Q (B_1) = C_1 \quad \text{und} \quad D_h^Q (C_1) = B_1.$$

Gleichzeitig wird aber bei D_h^P der Punkt B_1 auf einen Punkt B_1^1 von k so abgebildet, daß $\overline{C_1B_1^1} \equiv_h \overline{A_1B_1}$ gilt. Die anschließende h-Punktspiegelung der h-Strecke $\overline{QB_1^1}$ an Q liefert durch $D_h^Q (\overline{QB_1^1}) = \overline{QB_1^2}$ einen Punkt B_1^2 auf k mit $\overline{QB_1^2} \equiv_h \overline{QB_1^1}$.

Diese alternierenden h-Punktspiegelungen an P und Q setzt man nun so lange fort, bis einer der so gewonnenen h-Punkte B_1^v ($v \in \mathbf{N}$) i n die h-Strecke $\overline{PQ}$ oder a u f einen ihrer Endpunkte fällt!

Daß dies nach e n d l i c h v i e l e n Punktspiegelungen wirklich geschieht, folgt aus dem Archimedischen Axiom gemäß folgender Zwischenbetrachtung:

Faßt man jene Teilfolge von B_1^v ins Auge, die „von links auf $\overline{PQ}$ zuwandert", deren Punkte also einen geraden oberen Index tragen, so kann man sie sich dadurch entstanden denken, daß sie aus der h-Strecke $\overline{A_1B_1}$ durch wiederholtes h-kongruentes Abtragen gewonnen wurde. $\overline{A_1P}$ und $\overline{A_1B_1}$ erfüllen dabei die Voraussetzungen des Archimedischen Axioms (vgl. die „Vorbetrachtung" in Abschn. 3.4)! D. h., es gibt eine natürliche Zahl n = 2 k so, daß der Punkt B_1^n entweder noch zwischen A_1 und P oder auf P selbst liegt, der Punkt B_1^{n+1} jedoch schon rechts von P liegt. Es gilt

$$L_h (\overline{A_1P}) = L_h (\overline{A_1B_1^n}) + L_h (\overline{B_1^nP}) \quad \text{mit} \quad L_h (\overline{A_1B_1^n}) = n \cdot L_h (\overline{A_1B_1})$$

und
$$0 \leqslant L_h (\overline{B_1^nP}) < L_h (\overline{A_1B_1}). \tag{6.13}$$

Gilt nun $L_h (\overline{B_1^nP}) \leqslant L_h (\overline{PQ})$, so ist man fertig; denn die nächste h-Punktspiegelung an P bildet B_1^n entweder i n die h-Strecke $\overline{PQ}$ oder a u f Q ab. Gilt aber $L_h (\overline{B_1^nP}) > L_h (\overline{PQ})$, so liegt der Blickpunkt $*B_1^n = D_h^P (B_1^n)$ rechts von Q. Dann muß jedoch

$$L_h (*\overline{B_1^nQ}) < L_h (\overline{PQ}) \tag{6.14}$$

sein; denn aus $L_h (*\overline{B_1^nQ}) \geqslant L_h (\overline{PQ})$ würde folgen, daß der Bildpunkt von $*B_1^n$ bezüglich der h-Punktspiegelung an Q links von P (oder auf P selbst) läge, im Widerspruch zu der durch (6.13) festgelegten Eigenschaft des Punktes B_1^n.

Aus (6.14) folgt jedoch, daß dann $D_h^Q (*B_1^n)$ zwischen P und Q liegt. Damit ist gezeigt, daß in der Tat das Verfahren nach endlichvielen Schritten abbricht.

Errichtet man in den so gewonnenen (nach dieser Zwischenbetrachtung endlichvielen!) Punkten B_1^v auf k die h-Orthogonalen, so zerlegen diese das h-Dreieck $\triangle ABC$ einerseits in endlichviele Polygone, und gleichzeitig entstehen h-Trapeze, die zueinander — da sie durch Punktspiegelungen auseinander entstanden sind — paarweise h-kongruent sind. So gilt z. B. (s. Fig. 6.6 d)

$$D_h^P (\square CT_1B_1^1C_1) = \square AS_1B_1A_1.$$

B Trägt man nun auf der h-Strecke $\overline{B_1 S_1}$ von S_1 aus die h-Strecke $\overline{S_1 S_2} \equiv_h \overline{T_1 R_1}$ ab, so gilt

$$\triangle AS_1S_2 \equiv_h \triangle CT_1R_1.$$

Weiterhin gilt

$$D_h^Q \left(\Box BR_2B_1^2B_1 \right) = \Box CR_1B_1^1C_1 \quad \text{und} \quad D_h^P \left(\Box CR_1B_1^1C_1 \right) = \Box AS_2B_1A_1.$$

D. h., das h-Trapez $\Box BR_2B_1^2B_1$ geht durch eine h - T r a n s l a t i o n (Komposition von D_h^Q mit D_h^P) längs der h-Geraden k über in das h-Trapez $\Box AS_2B_1A_1$, und das mit 2 bezeichnete Teilpolygon des h-Dreiecks $\triangle ABC$ läßt sich h-kongruent in das h-Viereck $\Box AS_1B_1A_1$ abbilden. So fährt man fort: Für jene Teilpolygone des $\triangle ABC$, die unterhalb von k liegen (in Fig. 6.6 d) mit geraden Zahlen bezeichnet), genügt eine h-Translation längs k, für jene Teilpolygone, die oberhalb von k liegen (in Fig. 6.6 d ungerade Zahlen) eine h-Punktspiegelung an einem Zentrum, das jeweils auf k liegt, um in das h-Viereck $\Box AS_1B_1A_1$ abgebildet zu werden. Die Vereinigungsmenge aller so erhaltenen Teilpolygonbilder ist mit dem h-Viereck $\Box AS_1B_1A_1$ identisch. Denkt man sich noch jedes dieser Teilpolygone in h-Dreiecke zerlegt, so ist damit die Zerlegungsgleichheit des h-Dreiecks $\triangle ABC$ mit dem sich an seiner Seite $\overline{AB}$ anschließenden Saccheri-Viereck auch für diesen Fall bewiesen.

Im vorstehenden Beweis wurden neben dem Archimedischen Axiom nur solche Kongruenz- und Abbildungssätze benutzt, die der absoluten Geometrie angehören. Deshalb ist Satz 6.3 auch im Euklidischen gültig. Da dort jedoch das Saccheri-Viereck ein Rechteck ist, lautet der entsprechende Satz: „Jedes Dreieck $\triangle ABC$ ist zerlegungsgleich zu jenem Rechteck, das von der Dreieckseite $\overline{AB}$, der zugehörigen Mittenlinie und den von A und B auf diese Mittenlinie gefällten Loten begrenzt wird".

Von diesem Satz gelangt man zu einer bekannten Erweiterung, indem man die Bildfolge von Fig. 6.6 „dynamisch" betrachtet: Sucht man bei vorgegebener Grundseite $\overline{AB}$ den geometrischen Ort für alle Ecken C_i, so daß die Dreiecke $\triangle ABC_i$ zu dem Rechteck $\Box ABB_1A_1$ zerlegungsgleich sind, so erhält man die zu $\overline{AB}$ im Abstand $2 \cdot L_e (\overline{AA_1})$ verlaufende parallele Gerade (vgl. die in Abschn. 2.4 erörterte Möglichkeit 3 zur Einführung der Parallelität). Daher gilt im Euklidischen der Satz:

„Dreiecke mit gleicher Grundseite und Höhe sind zerlegungs- und damit auch flächengleich."

Diese Erweiterung ist im Euklidischen möglich, weil dort die Orthogonale zur Mittenlinie durch C auch senkrecht zu der durch die Grundseite $\overline{AB}$ festgelegten Geraden ist. Da es im h-Modell jedoch zu zwei h-Geraden höchstens e i n e gemeinsame h-Orthogonale gibt, können wir die Gültigkeit dieses Satzes in der h-Geometrie nicht erwarten.

Trotzdem wollen wir auch hier aus dem Satz 6.3 eine Erweiterung für h-Dreiecke mit gemeinsamer Grundseite ableiten. Das geschieht in

Satz 6.4 Ist eine Seite eines h-Dreiecks $\triangle_1$ h-kongruent zu einer Seite eines h-Dreieckes $\triangle_2$ und haben $\triangle_1$ und $\triangle_2$ denselben Defekt, so sind $\triangle_1$ und $\triangle_2$ zerlegungsgleich.

B e w e i s. Die Feststellung, daß $\triangle_1$ und $\triangle_2$ dasselbe h-Flächenmaß besitzen, ist nach Definition 6.4 trivial. Es gilt vielmehr nachzuweisen, daß $\triangle_1$ und $\triangle_2$ zu demselben Saccheri-Viereck — und damit nach Satz 6.1 z e r l e g u n g s g l e i c h sind.

Wir bezeichnen die Eckpunkte der h-Dreiecke Δ_1 und Δ_2 so mit A, B, C (bzw. A', B', C'), daß $\overline{AB} \equiv_h \overline{A'B'}$ gilt, und legen durch eine h-Bewegung Δ_2 so auf Δ_1, daß $\overline{A'B'}$ auf $\overline{AB}$ und C' auf dieselbe Seite wie C der durch die gemeinsame Grundseite $\overline{AB}$ festgelegten h-Geraden fällt (Fig. 6.7). Nach Satz 6.3 ist $\triangle ABC$ zerlegungsgleich zu dem sich ihm an $\overline{AB}$ anschließenden Saccheri-Viereck S_4. Entsprechend ist $\triangle ABC'$ zerlegungsgleich zu S_4', wobei S_4 und S_4' die gemeinsame Antibasis $\overline{AB}$ haben. Da Δ_1 und Δ_2 mit ihren Defekten auch in ihren Winkelsummen übereinstimmen, müssen nach Satz 6.2 S_4 und S_4' auch dieselben Antibasiswinkel besitzen. Um zu zeigen, daß $S_4 = S_4'$ gilt, muß jedoch noch nachgewiesen werden, daß die Mittenlinien von $\triangle ABC$ und $\triangle ABC'$ d i e s e l b e h-Gerade k festlegen!

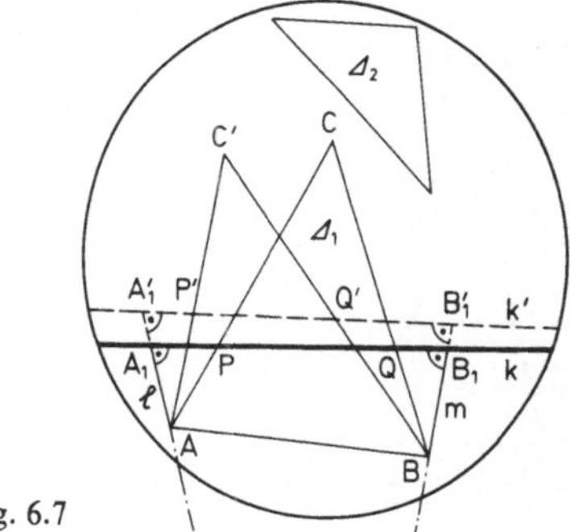

Fig. 6.7

Dazu bezeichnen wir die h-Mittelpunkte der Seiten $\overline{AC}$, $\overline{BC}$, $\overline{AC'}$ und $\overline{BC'}$ mit P, Q, P' und Q', die durch P und Q festgelegte h-Gerade mit k und die h-Gerade durch P' und Q' mit k'. Wäre jetzt $k \neq k'$ (Fig. 6.7), so müßte — wegen der Gleichheit der Antibasiswinkel von S_4 und S_4' — die durch A und A_1 festgelegte h-Gerade ℓ auch den Punkt A_1' des Saccheri-Vierecks S_4' enthalten. ℓ wäre also gemeinsame h-Orthogonale der dann überparallelen h-Geraden k und k'. Dasselbe müßte für die die Punkte B, B_1 und B_1' enthaltende h-Gerade m gelten. Es gäbe also zu k und k' zwei verschiedene h-Orthogonalen, bzw. ein h-Viereck mit vier h-rechten Winkeln. Also muß $k = k'$ gelten, und damit $S_4 = S_4'$. Nach der Transitivität der Zerlegungsgleichheit ist damit die Behauptung bewiesen.

Wollen wir nun auch im h-Modell bei einem vorgegebenen h-Dreieck $\triangle ABC$ den geometrischen Ort für die Ecken C_i aller h-Dreiecke bestimmen, die mit $\triangle ABC$ sowohl im Defekt als auch in ihrer Grundseite $\overline{AB}$ übereinstimmen, so greifen wir auf das im vorstehenden Beweis beschriebene Saccheri-Viereck S_4 zurück: Das h-Lot von C_i auf die durch A_1 und B_1 festgelegte Mittenlinie k muß h-kongruent zu den beiden Schenkeln $\overline{AA_1}$ und $\overline{BB_1}$ von S_4 sein. Diese sind aber die h-Lote von A und B auf k. D. h., der gesuchte geometrische Ort ist jener Teil der durch A (und B) festgelegten A b s t a n d s - l i n i e A_k von k, der auf der anderen Seite von k liegt (Fig. 6.8)!

Für unsere weiteren Betrachtungen ist jener Spezialfall von Interesse, bei dem C_i der Schnittpunkt der Verlängerung von $\overline{AA_1}$ über A_1 hinaus mit dieser Abstandslinie A_k ist (Fig. 6.8, gestrichelte Linien). Er wird durch folgenden Satz charakterisiert:

B **Satz 6.5** Zu jedem h-Dreieck $\triangle ABC$ mit der Winkelsumme W_h läßt sich ein ihm zerlegungsgleiches h-Dreieck konstruieren, dessen einer Eckwinkel das h-Maß $W_h/2$ besitzt.

B e w e i s. Sei $\triangle ABC$ gegeben; durch h-Halbierung seiner Seiten $\overline{AC}$ und $\overline{BC}$ liegt die zu $\overline{AB}$ gehörende Mittenlinie k fest. Durch die h-Lote von A und B auf k erhält man das Saccheri-Viereck $\square ABB_1A_1$, das sich $\triangle ABC$ an $\overline{AB}$ anschließt. Wird nun $\overline{AA_1}$ über A_1 hinaus h-verdoppelt (Fig. 6.8), so ist durch den Endpunkt C^1 ein h-Dreieck $\triangle ABC^1$ bestimmt, das zu demselben Saccheri-Viereck gehört. Nach Konstruktion gilt

$$\sphericalangle\, BAC^1 = \epsilon^1 .$$

Mit Satz 6.2 folgt daraus die Behauptung.

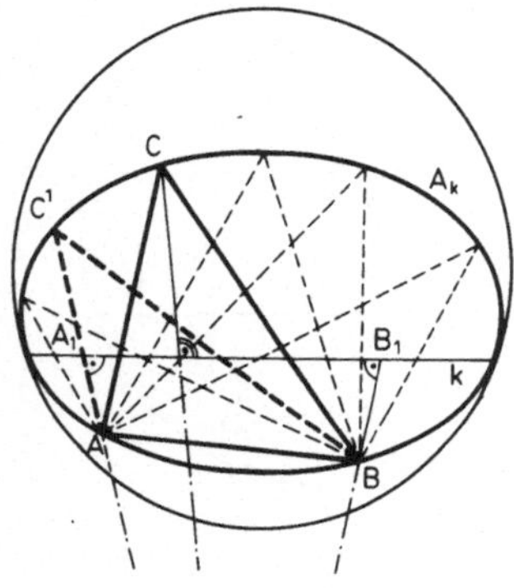

Fig. 6.8

Das in Satz 6.5 charakterisierte h-Dreieck hat mit dem euklidisch rechtwinkligen Dreieck viele Eigenschaften gemeinsam, obwohl es nach Satz 5.8 nie h-rechtwinklig sein kann. Dafür, daß es trotzdem als ein gewisses Analogon zum euklidisch rechtwinkligen Dreieck angesehen werden kann, sprechen folgende Argumente. (Wir bezeichnen abkürzend dieses h-Dreieck mit $\triangle_h$ und das euklidisch rechtwinklige Dreieck mit $\triangle_r$.)

Die ($\triangle_h$ definierende) Eigenschaft, daß sein Eckwinkel α gleich der halben Winkelsumme von $\triangle_h$ ist (daß also $\alpha_h = \beta_h + \gamma_h$ gilt), hat es mit $\triangle_r$ ($\alpha_e = \beta_e + \gamma_e$) gemeinsam. Daraus folgt, daß auch aus $\triangle_h$ durch h-Punktspiegelung am h-Mittelpunkt Q seiner Seite $\overline{BC}$

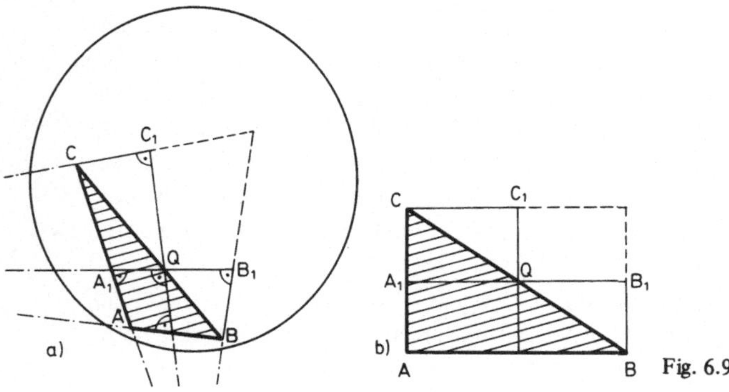

a)   b)   Fig. 6.9

B

(der Hypotenuse bei $\triangle_r$) ein h-Rechteck (vgl. Abschn. 4.2) entsteht. $\triangle_h$ ist also ein halbes h-Rechteck; für den Fall, daß es h-gleichschenklig ist ($\overline{AB} \equiv_h \overline{AC}$), ein halbes h-Quadrat. Weiterhin h-halbiert auch die Seite $\overline{BC}$ jeweils die Basen der beiden, sich $\triangle_h$ an den Seiten $\overline{AB}$ und $\overline{AC}$ anschließenden, Saccheri-Vierecke (Fig. 6.9 für $\triangle_h$ und $\triangle_r$). Und schließlich ist jedes h-Dreieck über dem Durchmesser eines h-Kreises, dessen dritte Ecke auf dem h-Kreis liegt (vgl. h-Thales-Satz!) ein solches $\triangle_h$ (s. Fig. 5.10).

Wir wollen nun dieses h-Dreieck dazu verwenden, unsere eingangs aufgeworfene Frage durch folgenden Satz zu beantworten:

Satz 6.6 Zwei h-Dreiecke mit demselben h-Flächenmaß sind stets zerlegungsgleich.

B e w e i s. Haben zwei h-Dreiecke $\triangle_1'$ und $\triangle_2'$ dasselbe h-Flächenmaß, so besitzen sie nach Definition 6.3 und 6.4 dieselbe Winkelsumme W_h. Dann konstruiere man nach Satz 6.5 jene h-Dreiecke $\triangle_1$ und $\triangle_2$ mit $\triangle_1 \underset{z}{=} \triangle_1'$ und $\triangle_2 \underset{z}{=} \triangle_2'$, die jeweils einen Eckwinkel mit dem h-Maß $1/2 \cdot W_h$ besitzen. Legt man beide h-Dreiecke durch eine h-Bewegung mit diesem Eckwinkel aufeinander, so entsteht eine Figur nach Art von Fig. 6.10! Fällt dabei C_1 auf C_2 (der gemeinsame Eckwinkel liege bei A), dann muß auch B_1 auf B_2 fallen. Wäre dies nicht der Fall, hätte — wegen der Additivität der Defekte bei h-Dreiecken — das eine einen kleineren Defekt als das andere, im Widerspruch zur Voraussetzung. Entsprechend folgt aus dem Zusammenfallen von B_1 und B_2 auch das Zusammenfallen von C_1 mit C_2. In diesen Fällen ist der Satz offensichtlich richtig. Wir setzen nun $C_1 \neq C_2$ voraus und damit $B_1 \neq B_2$.

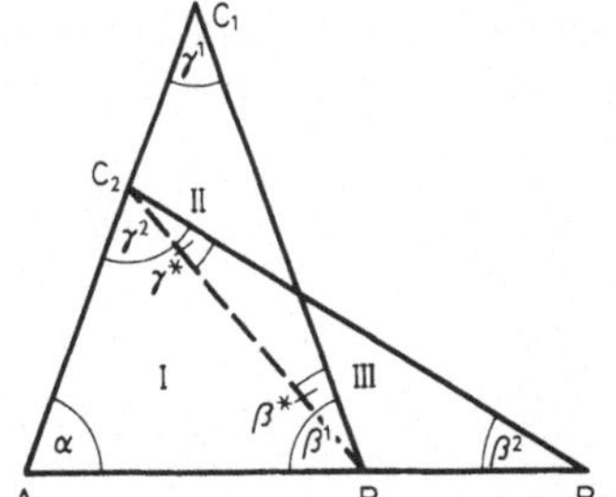

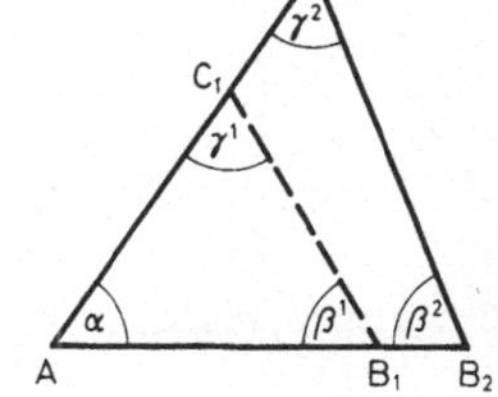

Hätten die h-Strecken $\overline{C_1B_1}$ und $\overline{C_2B_2}$ k e i n e n h-Punkt gemeinsam (Fig. 6.11), müßte für die Winkelsumme des h-Vierecks $\square\, B_1B_2C_2C_1$ gelten:

$$(\pi - \beta_h^1) + \beta_h^2 + \gamma_h^2 + (\pi - \gamma_h^1) = 2\,\pi + \beta_h^2 + \gamma_h^2 - (\beta_h^1 + \gamma_h^1). \qquad (6.15)$$

Nun haben aber nach Voraussetzung $\triangle_1$ und $\triangle_2$ dieselbe Winkelsumme und den Winkel α gemeinsam. Also gilt

$$\beta_h^1 + \gamma_h^1 = \beta_h^2 + \gamma_h^2. \qquad (6.16)$$

Damit würde sich mit (6.15) für das h-Viereck eine Winkelsumme von $2\,\pi$ im Widerspruch zu Satz 5.9 ergeben. Also schneiden sich $\overline{C_1B_1}$ und $\overline{C_2B_2}$ (s. Fig. 6.10).

B Die h-Strecke $\overline{B_1C_2}$ zerlegt also sowohl Δ_1 (in $\triangle AB_1C_2$ und $\triangle C_2B_1C_1$) als auch Δ_2 (in $\triangle AB_1C_2$ und $\triangle C_2B_1B_2$). Das h-Dreieck $\triangle AB_1C_2$ haben Δ_1 und Δ_2 gemeinsam. Für die Winkelsummen der anderen beiden ergibt sich

$$W_h^{II} = (\gamma_h^* + (\pi - \gamma_h^2)) + \beta_h^* + \gamma_h^1 = \pi + \beta_h^* + \gamma_h^* + (\gamma_h^1 - \gamma_h^2)$$

und $\quad W_h^{III} = \gamma_h^* + (\beta_h^* + \pi - \beta_h^1) + \beta_h^2 = \pi + \beta_h^* + \gamma_h^* + (\beta_h^2 - \beta_h^1).$

Aus (6.16) folgt

$$\beta_h^2 - \beta_h^1 = \gamma_h^1 = \gamma_h^2;$$

und somit gilt

$$W_h^{II} = W_h^{III}.$$

Diese beiden Dreiecke stimmen also in ihrem Defekt und in einer Seite überein. Nach Satz 6.4 sind sie zerlegungsgleich. Damit ist auch die Zerlegungsgleichheit von Δ_1 und Δ_2 und somit die von Δ_1' und Δ_2' bewiesen.

Mit Satz 6.6 haben wir gezeigt, daß auch im h-Modell die Relationen „zerlegungsgleich" und „flächengleich" in der Menge aller h-Dreiecke (!) zu derselben Klasseneinteilung führen.

6.4 Asymptotische Dreiecke

Fig. 6.12 zeigt ein h-gleichschenklig-rechtwinkliges h-Dreieck $\triangle ABC$ in spezieller Lage. Das h-Maß seiner beiden — zueinander h-kongruenten — Basiswinkel sei β_h, das seines

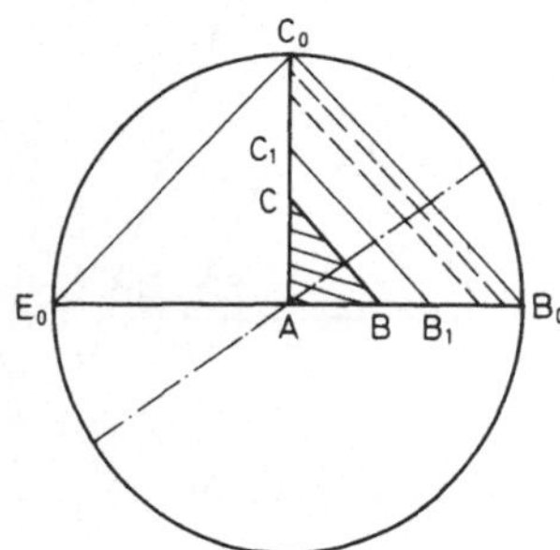

Fig. 6.12

Scheitelwinkels α_h. Nach Satz 5.5 gilt $\alpha_h = \pi/2$ und nach Satz 5.8 $\beta_h < \pi/4$. Damit ergibt sich für das h-Flächenmaß des $\triangle ABC$ nach Definition 6.4

$$F_h\,(\triangle ABC) = \pi - (\frac{\pi}{2} + 2 \cdot \beta_h) = \frac{\pi}{2} - 2\,\beta_h > 0.$$

Vergrößern wir dieses h-Dreieck, indem wir seine beiden Katheten jeweils um die h-kongruenten h-Strecken $\overline{BB_1} \equiv_h \overline{CC_1}$ verlängern, so gilt für das h-Maß der neuen Basiswinkel β^1 (gemäß Formel (5.10))

$$\beta_h^1 < \beta_h$$

und damit für die h-Flächeninhalte erwartungsgemäß   **B**

$$F_h\,(\triangle ABC) = \frac{\pi}{2} - 2 \cdot \beta_h < \frac{\pi}{2} - 2\,\beta_h^1 = F_h\,(\triangle AB_1C_1).$$

Denken wir uns nun die so beschriebene Verlängerung der Katheten ständig fortgeführt, so erhalten wir zwei unendliche h-Punktfolgen (B_v) und (C_v) $(v \in \mathbf{N})$, die – z. B. in h-äquidistanten „Schritten" – auf die Randpunkte B_0 bzw. C_0 zuwandern. Nach Satz 5.2 wächst dabei das h-Maß der h-Strecken $\overline{AB_v}$ und $\overline{AC_v}$ über alle Grenzen. Für das h-Maß β_h^v der Basiswinkel β^v gilt hingegen nach Satz 5.7 $\lim\limits_{v \to \infty} \beta_h^v = 0$. Wir erhalten also

für die zugehörige Folge der h-Flächenmaße $(F_h\,(\triangle AB_vC_v))$

$$\lim_{v \to \infty} (F_h\,(\triangle AB_vC_v)) = \lim_{v \to \infty} (\frac{\pi}{2} - 2 \cdot \beta_h^v) = \frac{\pi}{2}\,,$$

einen endlichen Grenzwert!

Damit ist ein zum Parallelenaxiom gleichgewichtiger Unterschied zu unserer Geometrie gefunden: Es gibt in der h-Welt „bis ins Unendliche reichende" Dreiecke, denen trotzdem ein endlicher Flächeninhalt zugeordnet werden kann[1].

Man nennt das Dreieck $\triangle AB_0C_0$ ein h-rechtwinkliges z w e i f a c h - a s y m p t o - t i s c h e s Dreieck. Zerlegt man es durch eine Transversale durch A, so gewinnt man zwei e i n f a c h - a s y m p t o t i s c h e Dreiecke, und spiegelt man es z. B. an (AC_0), so erhält man das d r e i f a c h - a s y m p t o t i s c h e Dreieck $\triangle E_0B_0C_0$ (Fig. 6.12).

Definition 6.5 Dreiecke, deren (offene) Seiten ganz im Inneren des Einheitskreises liegen, heißen ein-, zwei- oder dreifach asymptotische Dreiecke, wenn ein, zwei oder drei ihrer Eckpunkte auf dem Randkreis liegen.

Man beachte: Asymptotische Dreiecke sind niemals h-Dreiecke, weil bei ihnen stets mindestens ein Eckpunkt kein h-Punkt ist. Sie entstehen vielmehr durch Hinzunahme endlichvieler (bis zu drei) unendlichferner h-Punkte (vgl. Appendix in Abschn. 4.4).

Obwohl die Eckpunkte der asymptotischen Dreiecke, die Randpunkte sind, nicht mehr alle Axiome der h-Geometrie erfüllen, lassen sich die Begriffsbildungen, die für den h-Flächeninhalt von Bedeutung sind, auf die asymptotischen Dreiecke übertragen. Das soll an einigen Beispielen nachgewiesen werden. Zunächst gilt der etwas überraschende

Satz 6.7 Alle dreifach-asymptotischen Dreiecke sind untereinander h-kongruent.

B e w e i s. Seien $\triangle A_0B_0C_0$ und $\triangle A_0'B_0'C_0'$ zwei dreifach-asymptotische Dreiecke (Fig. 6.13); dann schneidet die Gerade, die durch C_0 und den Pol der durch A_0 und B_0 festgelegten Geraden verläuft, die h-Gerade c in einem h-Punkt D h-orthogonal. Entsprechend denke man sich im Dreieck $\triangle A_0'B_0'C_0'$ den Punkt D' auf c' durch C_0' und

---

[1] Diese Einsicht war übrigens für G a u ß der Anlaß zur Entwicklung seiner „antieuklidischen geometrie". In einem Brief an W. Bolyai (1799) schreibt er: „Es wäre wohl möglich, daß, so entfernt man auch die drei Eckpunkte des Dreiecks im Raume voneinander annähme, doch der Inhalt immer unter einer gegebenen Grenze wäre" (zitiert nach M. Simon [31], S. 105).

B den Pol von c' bestimmt. Bezeichnen wir jeweils die h-Halbgerade, die durch D bzw. D'
und A_0 bzw. A_0' festgelegt ist mit $\underline{c}$ bzw. $\underline{c}'$, und jene h-Halbebene, auf derem zugehörigen Randkreisbogen C_0 (C_0') liegt, mit $\underline{E}$ und $\underline{E}'$, so haben wir mit F (D, $\underline{c}$, $\underline{E}$) und
F' (D', $\underline{c}'$, $\underline{E}'$) zwei h-Fahnen, die sich nach dem Fahnensatz (Satz 3.6) stets durch
(genau) eine h-Bewegung aufeinander abbilden lassen. Wegen der Geradentreue und

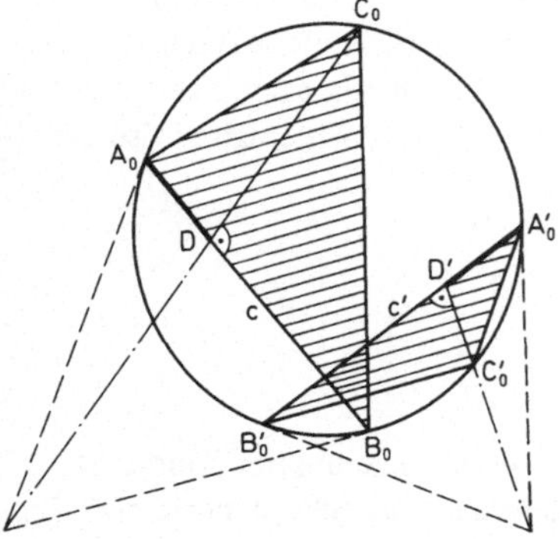

Fig. 6.13

der Invarianz der Orthogonalität bezüglich der h-Bewegungen wird dabei $\triangle A_0 B_0 C_0$
auf $\triangle A_0' B_0' C_0'$ abgebildet.

Für zweifach asymptotische Dreiecke gilt

Satz 6.8 Zweifach-asymptotische Dreiecke, deren im h-Endlichen gelegene Eckwinkel
h-kongruent sind, sind ihrerseits h-kongruent.

B e w e i s. Bildet man durch eine h-Bewegung die beiden h-kongruenten Eckwinkel aufeinander ab, so werden mit ihren h-Halbgeraden auch die dazugehörigen zweifach-
asymptotischen Dreiecke aufeinander abgebildet.

Da sich jedes einfach-asymptotische Dreieck als Teildreieck eines zweifach-asymptotischen auffassen läßt, gilt

Satz 6.9 Zwei einfach-asymptotische Dreiecke, für deren im h-Endlichen gelegene Eck-
winkel α, β und α', β' gilt $\alpha \equiv_h \alpha'$ und $\beta \equiv_h \beta'$, sind h-kongruent.

B e w e i s. Auf die beiden Dreiecke $\triangle ABC_0$ und $\triangle A'B'C_0'$ (Fig. 6.14) treffe die Voraussetzung zu. Dann erfüllen die beiden zweifach-asymptotischen Dreiecke $\triangle D_0 BC_0$ und

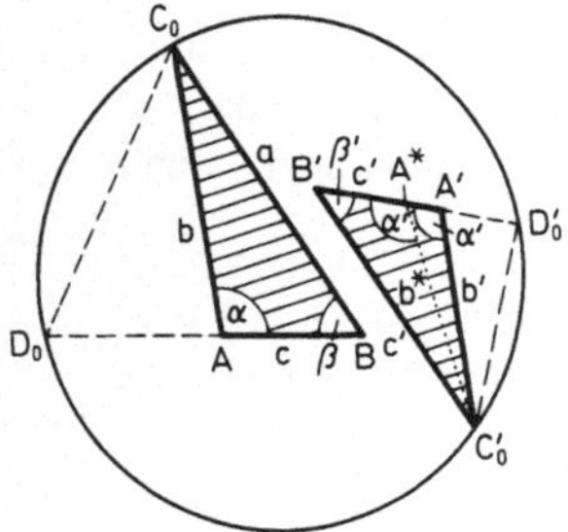

Fig. 6.14

$\triangle D_0' B' C_0'$ die Voraussetzung von Satz 6.8. Es gibt also eine h-Bewegung, die $\triangle D_0 B C_0$
auf $\triangle D_0' B' C_0'$ abbildet. Würde dabei A n i c h t auf A', sondern auf $A^* \neq A'$ abgebildet
werden, bildeten die beiden h-Halbgeraden b' und b^* mit c' h-kongruente Stufenwinkel
im Widerspruch zur Randparallelität von b' und b^* (vgl. Aufgabe 3.5).

Die Sätze 6.7 bis 6.9 zeigen, daß der fünfte Kongruenzsatz auch für asymptotische Dreiecke gültig ist; d. h., von den paarweise h-kongruenten Winkeln können einer, zwei oder
auch alle drei das h-Maß Null besitzen. Erweitert man daher sinngemäß Definition 6.3
und 6.4 auf asymptotische Dreiecke, dann erfüllt das h-Flächenmaß auch für asymptotische Dreiecke die Forderungen (6.1) bis (6.3), und es gilt

Satz 6.10 Alle einfach-asymptotischen Dreiecke mit den h-Winkeln α und β haben den
Flächeninhalt

$$F_h (\triangle ABC_0) = \pi - (\alpha_h + \beta_h),$$

alle zweifach-asymptotischen Dreiecke mit dem h-Winkel α besitzen das h-Flächenmaß

$$F_h (\triangle AB_0 C_0) = \pi - \alpha_h,$$

und für alle dreifach-asymptotischen Dreiecke gilt

$$F_h (\triangle A_0 B_0 C_0) = \pi.$$

Danach kann das dreifach-asymptotische Dreieck als das, im Anschluß an die Forderungen (6.1) bis (6.3) angeführte, „Einheitspolygon" der Flächenmessung in der h-Welt
angesehen werden.

Von diesem „Maximaldreieck" läßt sich – in entgegengesetzter Richtung zu dem hier
gewählten Vorgehen – wiederum das h-Flächenmaß des allgemeinen h-Dreiecks ableiten[1].

Betrachtet man unter Ausnutzung der in Definition 6.2 erklärten Ergänzungsgleichheit,
jedes h-Dreieck als jenen „Rest", der von einem dreifach-asymptotischen Dreieck über-
bleibt, wenn die zugehörigen drei zweifach-asymptotischen Dreiecke entfernt werden
(Fig. 6.15), dann läßt sich gemäß Satz 6.10 schreiben:

$$F_h (\triangle ABC) = F_h (\triangle A_0 B_0 C_0) - F_h (\triangle AA_0 B_0) - F_h (\triangle BB_0 C_0) - F_h (\triangle CC_0 A_0)$$
$$= \pi - (\pi - \alpha_h') - (\pi - \beta_h') - (\pi - \gamma_h').$$

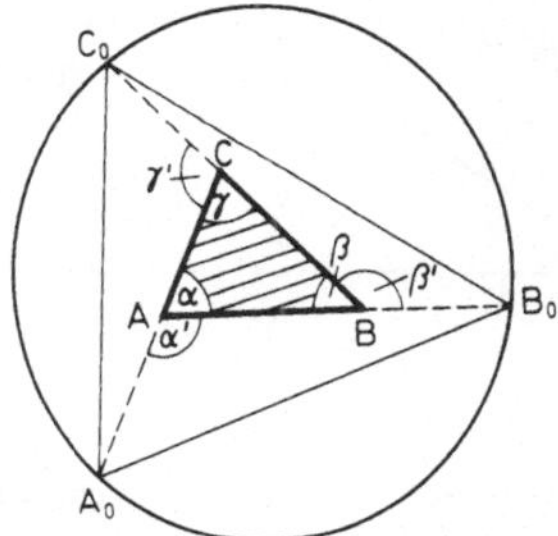

Fig. 6.15

B Mit $\alpha_h' = \pi - \alpha_h$, $\beta_h' = \pi - \beta_h$ und $\gamma_h' = \pi - \gamma_h$ (Nebenwinkel) ergibt sich

$$F_h\,(\triangle ABC) = \pi - (\alpha_h + \beta_h + \gamma_h)$$

in Übereinstimmung mit Definition 6.4.

6.5 h-Polygonflächen

Bisher wurden die in Abschn. 6.1 aufgestellten Forderungen für das h-Flächenmaß ausschließlich für D r e i e c k e (asymptotische und h-Dreiecke) erfüllt. Unter Berücksichtigung der Zerlegbarkeit von h-Polygonen in endlichviele h-Dreiecke ist damit zwar –
wie im Euklidischen – die Ermittlung eines h-Flächenmaßes für allgemeine h-Polygone
prinzipiell gesichert[1], doch zeigt es sich, daß die Lehre vom Flächeninhalt – zur Freude
der schon fast in Vergessenheit geratenen Wanzenkinder – sich in der h-Welt wesentlich
einfacher gestaltet als in der unseren.

Wollen w i r z. B. den Flächeninhalt eines vorgegebenen allgemeinen Achtecks ermitteln,
so können wir zwei verschiedene Verfahren anwenden: Entweder wir „triangulieren" es,
bestimmen von jedem Teildreieck die Längen von Grundseite und Höhe und addieren
dann die nach der bekannten Formel auszurechnenden Flächeninhalte aller Teildreiecke.

Oder aber wir verwandeln das Achteck flächengleich (mittels Scherung) sukzessiv in ein
Siebeneck, Sechseck usf., bis wir schließlich ein Dreieck erhalten haben, auf das wir dann
die Inhaltsformel anwenden können.

Beide Verfahren sind so umständlich, daß ein Lehrer, der mehrere solcher Hausaufgaben
stellte, in den Geruch eines „Sadisten" geriete, und so ungenau[2], daß man sie in der
Praxis durch andere (vorwiegend physikalische) Methoden ersetzt.

Demgegenüber ist die h-Welt insofern eine „heile Welt", als es in ihr eine „Universal-
Formel" für alle h-Polygonflächen gibt, zu deren Anwendung weder Triangulation noch
Flächenverwandlung nötig sind!

Um zu ihr zu gelangen, gehen wir vom h-Dreieck zunächst zum h-Viereck über: Gemäß
unserer Forderung (6.3) werden wir vom h-Flächenmaß für h-Vierecke verlangen, daß

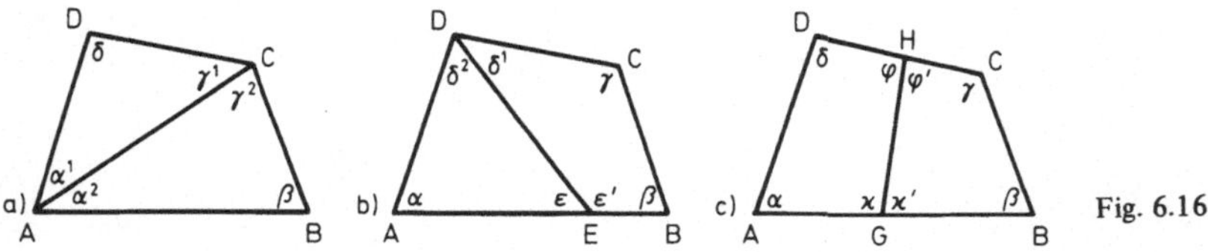

Fig. 6.16

---

[1] Es läßt sich zeigen, daß das so ermittelte Flächenmaß dann von der speziellen Art der
jeweiligen Triangulierung unabhängig ist, vgl. z. B. Perron [29].
[2] Diese Ungenauigkeit bewirkt oft, daß die in obiger Fußnote erwähnte Unabhängigkeit
von der speziellen Zerlegung in der Schulpraxis eher widerlegt als bestätigt wird.

es sich als Summe der Flächeninhalte jener h-Dreiecke darstellen läßt, in die es durch
eine Diagonale zerlegt wird (Fig. 6.16 a). Es soll also gelten

$$F_h \,(\square ABCD) = F_h \,(\triangle ABC) + F_h \,(\triangle ACD)$$

$$= \pi - (\alpha_h^2 + \beta_h + \gamma_h^2) + \pi - (\alpha_h^1 + \gamma_h^1 + \delta_h)$$

$$= 2 \cdot \pi - (\alpha_h + \beta_h + \gamma_h + \delta_h).$$

Wenn wir auch für h-Vierecke die einfache Merkregel „h-Flächenmaß gleich Defekt"
beibehalten wollen, muß also der Defekt des h-Vierecks nicht wie beim h-Dreieck als
die Zahl definiert werden, die die Winkelsumme zu π, sondern die sie zu $2 \cdot \pi$ ergänzt!

Tun wir das, so erfüllt dieser h-Viereck-Defekt die Additivitätsforderung auch für die
Fälle, in denen die zerlegende h-Gerade nicht nur durch zwei Ecken des h-Vierecks verläuft, sondern auch in den Fällen b) und c) der Fig. 6.16. Für sie gilt dann nämlich

b) $$\text{def} \,(\square ABCD) = \text{def} \,(\triangle AED) + \text{def} \,(\square EBCD)$$

$$= \pi - (\alpha_h + \epsilon_h + \delta_h^2) + 2\,\pi - (\epsilon_h' + \beta_h + \gamma_h + \delta_h^1)$$

$$= 3\,\pi - (\alpha_h + \beta_h + \gamma_h + \delta_h + \pi)$$

$$= 2\,\pi - (\alpha_h + \beta_h + \gamma_h + \delta_h);$$

c) $$\text{def} \,(\square ABCD) = \text{def} \,(\square AGHD) + \text{def} \,(\square GBCH)$$

$$= 2\,\pi - (\alpha_h + \chi_h + \varphi_h + \delta_h) + 2\,\pi - (\chi_h' + \beta_h + \gamma_h + \varphi_h')$$

$$= 2\,\pi - (\alpha_h + \beta_h + \gamma_h + \delta_h).$$

Da sich die Definitionen des Defektes für h- D r e i ecke mit $1 \cdot \pi - W_h$ und für h- V i e r -
ecke mit $2 \cdot \pi - W_h$ so gut bewährt haben, wagen wir — im Vertrauen auf die „Harmonie
der h-Welt" — einen Induktionsschluß und definieren gleich allgemein:

Definition 6.6 Unter dem D e f e k t e i n e s h - P o l y g o n s m i t n E c k e n verstehen wir die Zahl

$$\text{def} \,(P) = (n - 2)\,\pi - W_h,$$

wenn mit W_h die Summe der h-Maße seiner Eckwinkel bezeichnet wird.

Nach dieser Definition ist es durchaus erlaubt, ein h-n-Eck als „entartetes" h-(n + k)-Eck
aufzufassen, das k gestreckte Eckwinkel besitzt (Fig. 6.17). Denn die obige Differenz
bleibt unverändert, wenn Minuend und Substrahend jeweils um $k \cdot \pi$ vergrößert werden.

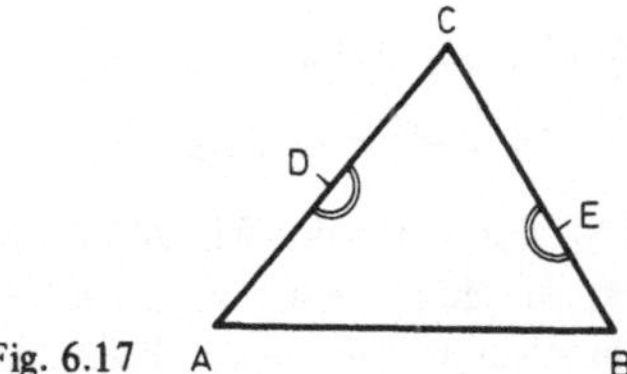

Fig. 6.17

Um nachzuweisen, daß unser Vertrauen in den zu Definition 6.6 führenden Induktionsschluß gerechtfertigt war, beweisen wir

B **Satz 6.11** Wird ein (einfaches) h-Polygon P durch einen (sich nicht überschneidenden) h-Streckenzug in zwei Teilpolygone P_1 und P_2 zerlegt, dann ist der Defekt von P gleich der Summe der Defekte von P_1 und P_2:

$$\mathrm{def}\,(P) = \mathrm{def}\,(P_1) + \mathrm{def}\,(P_2).$$

B e w e i s (vgl. [29]). Seien E_1 und E_2 die Endpunkte des das h-Polygon P zerlegenden h-Streckenzuges Z. Dann lassen sie sich gemäß der obigen Bemerkung zur Definition 6.6 stets als Ecken des Polygons P auffassen (Fig. 6.18). Z selbst möge n_z Eckpunkte be-

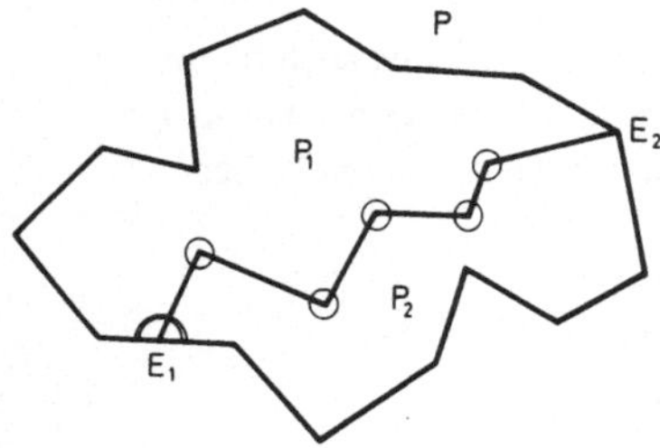

Fig. 6.18

sitzen, zu denen E_1 und E_2 n i c h t gehören. Bezeichnen wir weiterhin mit n_1 und n_2 die Anzahlen der Ecken (außer E_1 und E_2), die P mit P_1 bzw. mit P_2 gemeinsam besitzt, so gilt mit den zwei Eckpunkten E_1 und E_2

$$n_P \quad = 2 + n_1 + n_2 \qquad \text{(die Eckenzahl von P)},$$

$$n_{P_1} = 2 + n_z + n_1 \qquad \text{(Eckenzahl von } P_1)$$

und $\quad n_{P_2} = 2 + n_z + n_2 \qquad \text{(Eckenzahl von } P_2).$

Nach Definition 6.6 gilt für die Defekte

$$\mathrm{def}\,(P_1) = (n_z + n_1) \cdot \pi - W_h^1$$

und $\quad \mathrm{def}\,(P_2) = (n_z + n_2) \cdot \pi - W_h^2,$

wenn W_h^1 und W_h^2 die h-Maße der Winkelsummen von P_1 und P_2 sind. Daraus erhalten wir:

$$\mathrm{def}\,(P_1) + \mathrm{def}\,(P_2) = (2\,n_z + n_1 + n_2) \cdot \pi - (W_h^1 + W_h^2). \tag{6.17}$$

Nun läßt sich die Summe $W_h^1 + W_h^2$ durch drei Summanden darstellen:

$$W_h^1 + W_h^2 = S_E + S_{P'} + S_Z, \tag{6.18}$$

wobei S_E das h-Maß der Winkelsummen in den Ecken E_1 und E_2, $S_{P'}$ das der Winkelsummen für die $(n_1 + n_2)$ Ecken auf dem Rande von P (ohne E_1 und E_2) und S_Z das der Winkelsummen in den n_z Ecken von Z bedeuten. Offensichtlich gilt für das h-Maß W_h der Winkelsummen von P:

$$W_h = S_E + S_{P'}. \tag{6.19}$$

S_Z läßt sich ebenfalls leicht bestimmen: In den n_z Eckpunkten von Z ergänzen sich die
Eckwinkel von P_1 und P_2 jeweils zum Vollwinkel, so daß gilt:

$$S_Z = n_z \cdot 2\,\pi. \tag{6.20}$$

Aus (6.18), (6.19) und (6.20) folgt

$$W_h^1 + W_h^2 = W_h + 2\,n_z \cdot \pi.$$

Daraus ergibt sich mit (6.17) jedoch

$$\text{def}\,(P_1) + \text{def}\,(P_2) = (n_1 + n_2)\,\pi - W_h,$$

nach Definition 6.6 der Defekt von P.

Damit ist gezeigt, daß der von uns definierte Defekt des h-Polygons ebenfalls die Additivitätsforderung (6.3) erfüllt. Wir können also − in Analogie zum h-Dreieck − festsetzen:

Definition 6.7 Unter dem h-Maß einer h-Polygonfläche P mit n Ecken verstehen wir
seinen Defekt

$$F_h\,(P) = \text{def}\,(P) = (n-2)\,\pi - W_h.$$

Damit ist die avisierte „Universalformel" gefunden. Um sie auf ein gegebenes h-Polygon
anwenden zu können, brauchen also lediglich seine Ecken gezählt und die h-Maße der
Eckwinkel bestimmt zu werden.
Nach ihr haben z. B. alle h-Rechtecke und das h-Quadrat mit demselben Eckwinkel α
dasselbe h-Flächenmaß $F_h = 2\,\pi - 4\,\alpha_h$.
Für das h-gleichseitige h-Dreieck aus Fig. 5.15 ergibt sich $\pi - 3 \cdot \pi/4 = \pi/4$, also ein halb
so großes h-Flächenmaß wie für das regelmäßige Pseudorechteck von Fig. 2.22, für das
wir $3\,\pi - 5\,\pi/2 = \pi/2$ erhalten, einen Wert, der für alle Pseudorechtecke mit 5 Ecken
derselbe ist.

Natürlich gestattet diese Formel − analog wie beim h-Dreieck − auch eine Übertragung
auf ein- oder mehrfach a s y m p t o t i s c h e h-Polygone. Doch sei hier ohne Beweis
mitgeteilt, daß zwar jedes Teilgebiet der h-Ebene, das nur endlichviele Randpunkte besitzt, ein endliches h-Flächenmaß besitzt; jedoch wird der Flächeninhalt unendlich groß,
sobald die Berandung dieses Teilgebietes ein ganzes Bogenstück des Randkreises enthält.
Weiterhin läßt sich durch Approximation mit geeignet ausgewählten h-Polygonen
− ähnlich wie im Euklidischen − auch das h-Flächenmaß k r u m m l i n i g begrenzter
Teilgebiete der h-Ebene (wie z. B. das von h-Kreisen) bestimmen. Doch führt diese
Problemstellung bereits in die h-Trigonometrie.

Aufgaben

6.1 Man beweise, daß die Ergänzungsgleichheit in der Menge aller Polygone eine Äquivalenzrelation ist.

6.2 Das h-Dreieck $\triangle ABC$ mit A $(0;0)$, B $(4/5;0)$ und C $(-1/5;4/5)$ ist durch Konstruktion (mit Beschreibung) h-flächengleich zu verwandeln in
a) das sich ihm an der Seite $\overline{AB}$ anschließende Saccheri-Viereck,

B b) dasjenige h-Dreieck mit derselben Seite $\overline{AB}$, dessen Eckwinkel bei A seine halbe Winkelsumme als h-Maß besitzt,

c) dasjenige h-Dreieck mit derselben Grundseite $\overline{AB}$, das bei A h-rechtwinklig ist.

6.3 Man zeige (an einem Gegenbeispiel), daß die Relationen „h-flächengleich" und „zerlegungsgleich" in der Vereinigungsmenge aller asymptotischen und aller h-Dreiecke n i c h t dieselbe Klasseneinteilung liefern.

6.4 Man bestimme die h-Flächenmaße der in Fig. 5.15 und 5.14 dargestellten h-Dreiecke und h-Quadrate!

a) Welches sind die kleinsten natürlichen Zahlen n_1 und n_2 mit der Eigenschaft, daß n_1 h-Dreiecke und n_2 h-Quadrate dieser Legespiele sich jeweils zu zwei h-flächengleichen Polygonen zusammensetzen lassen?

b) Wieviele verschiedene Möglichkeiten gibt es, die zwei in a) beschriebenen h-Polygone so zu gestalten, daß sie jeweils 2 (4) h-Symmetrieachsen besitzen?

6.5 Der h-Kreis um O mit dem (euklidischen) Radius $r_e = 4/5$ besitzt das h-Flächenmaß $4/3\,\pi$.

Man zeige, daß sich mit dieser Kenntnis und den Ergebnissen der Aufgabe 5.4 beweisen läßt, daß — im Gegensatz zum Euklidischen — die „Quadratur eines Kreises" mit Zirkel und Lineal für das h-Modell möglich ist.

6.6 Im Anschluß an Satz 6.5 wurden Gründe dafür angeführt, daß ein h-Dreieck, dessen einer Eckwinkel halb so groß ist wie die Winkelsumme dieses Dreiecks als ein „zweites Analogon" zum rechtwinkligen Dreieck angesehen werden könne; u. a. wurde dabei auf die Figur zum h-Thales-Satz hingewiesen.

a) Man b e w e i s e , daß aber — im Gegensatz zum Euklidischen — die h-Halbkreise über den „Katheten" sich n i c h t auf der „Hypotenuse" schneiden.

b) Ist das h-Maß der im h-Thalessatz genannten h-Winkel in ein und demselben h-Halbkreis stets dasselbe? (Man gebe eine Begründung.)

c) Man zeige, daß für solche h-Dreiecke jedoch folgender „Quasi-Pythagoras" gilt (Fig. 6.19): Seien α, β und γ (mit $\gamma_h = \alpha_h + \beta_h$) die Eckwinkel und $\overline{\alpha}, \overline{\beta}$ und $\overline{\gamma}$ ihre jeweiligen h-Komplementärwinkel, die sie also jeweils zu einem h-rechten ergänzen.

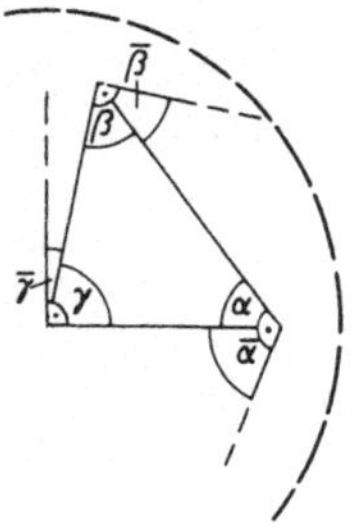

Fig. 6.19

„Die Summe der h-Flächeninhalte der beiden h-Quadrate mit den Eckwinkeln $\overline{\alpha}$ und $\overline{\beta}$ ist gleich dem h-Flächenmaß des h-Quadrates, das $\overline{\gamma}$ als Eckwinkel besitzt."

7 Das h-Modell und die hyperbolische Geometrie   A

7.1 Die Interpretation nach Klein

Nachdem unsere Ausgangsfrage nach der Schulgeometrie der Bierdeckel-Wanzenkinder
zwar noch keineswegs erschöpfend, aber bezüglich einiger Schwerpunkte doch prinzipiell beantwortet wurde, soll zum Abschluß angedeutet werden, welchen „didaktischen
Wert" das h-Modell für das Studium der Geometrie besitzt. Dazu müssen wir kurz unser
Vorgehen rückblickend analysieren:

Nach dem „Postulat", daß die Spiegel in der h-Welt „Polarenspiegel" seien, untersuchten
wir die Konsequenzen dieser Annahme, wenn wir im übrigen a n unseren g e w o h n -
t e n V o r s t e l l u n g e n von den geometrischen Grundgebilden (wie Punkt, Strecke,
Winkel etc.) weitgehend f e s t h i e l t e n. Wir konstruierten dann zunächst „munter
drauflos" und machten dabei die Entdeckung, daß wir z. T. zu Sätzen gelangten, die
denen der euklidischen Geometrie widersprachen. Als Ursache dieser Abweichung
wurde gefunden, daß von allen Axiomen unserer Geometrie lediglich e i n e s in der
h-Welt n i c h t erfüllt wird. Wir ersetzten daraufhin dieses Axiom IV durch das Axiom
IV_h und erhielten so das Axiomensystem der h y p e r b o l i s c h e n G e o m e t r i e.
Indem daraufhin die in diesem Axiomensystem vorkommenden V a r i a b l e n durch
die h - G e b i l d e (h-Punkte, h-Geraden etc.) e r s e t z t wurden, geschah der ent-
scheidende Schritt:

Die Aussageformen, die diese Axiome sind, wurden damit zu Aussagen, deren Wahr-
heitswert wir (insbesondere in Abschn. 3.3 und 3.4) überprüfen konnten. Das auf diese
Weise gewonnene System von Aussagen nennt man eine I n t e r p r e t a t i o n oder
auch ein M o d e l l der hyperbolischen Geometrie. In den folgenden Kapiteln haben
wir also nicht die h y p e r b o l i s c h e G e o m e t r i e selbst, sondern lediglich
e i n e s i h r e r M o d e l l e untersucht. Damit ist schon gesagt, daß auch noch
a n d e r e Modelle denkbar sind, daß sich die Variablen des Axiomensystems also
auch durch andere Konstanten ersetzen lassen.

So gelangen wir z. B. von dem hier behandelten s p e z i e l l e n Kleinschen Modell
zum a l l g e m e i n e n, wenn wir uns vorstellen, daß es „schräg projiziert" wird:
Dann wird aus dem Einheitskreis irgendeine Ellipse. Die Konfigurationen im Inneren
des Einheitskreises erfahren dabei zwar eine gewisse Formveränderung, aber die „für
uns wesentlichen Eigenschaften" bleiben erhalten.

7.2 Das Modell von Poincaré und die Monomorphie

Während auch beim allgemeinen Kleinschen Modell „Geraden" wieder durch euklidisch
„gerade" Linien interpretiert werden, ist dies bei einem Modell der hyperbolischen
Geometrie, das nach dem französischen Mathematiker H. P o i n c a r é (1854–1912)
benannt ist, nicht mehr der Fall. Da dieses sich z. Z. in der didaktischen Literatur einer

A größeren Beliebtheit als das Kleinsche erfreut, aber auch um die Freiheit in der Interpretationswahl zu verdeutlichen, soll es kurz skizziert werden:

„Punkte" sind die Punkte einer offenen euklidischen Halbebene $\underline{E}$, die durch eine euklidische Gerade x begrenzt wird. (Diese Randgerade x spielt eine ähnliche Rolle wie im h-Modell der Randkreis.)

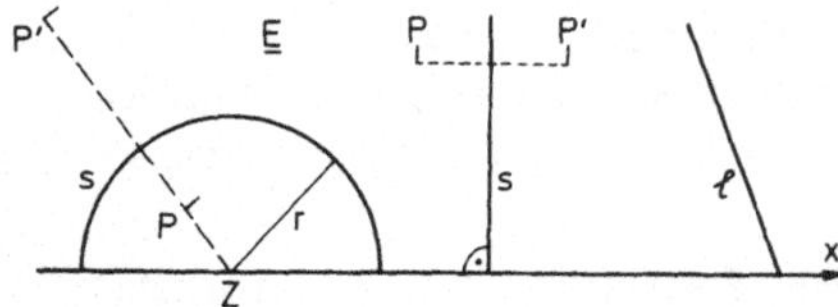
Fig. 7.1

„Geraden" sind einmal alle Halbkreise in $\underline{E}$, deren Zentrum auf x liegt, zum anderen jene euklidischen Halbgeraden in $\underline{E}$, die zu x (euklidisch) orthogonal sind (vgl. Fig. 7.1; die Gerade ℓ ist z. B. keine „Gerade"!). Für die „Spiegelung an der Geraden s" sind zwei Fälle zu unterscheiden: Ist die „Gerade s" eine Halbgerade, so ist die „Spiegelung" eine euklidische Spiegelung an s; ist s hingegen ein Halbkreis mit dem Radius r und dem Zentrum $Z \in x$, so ist die „Spiegelung" eine sog. „Inversion am Kreis"; d. h., der Bildpunkt P' von $P \in \underline{E}$ liegt auf der Geraden durch Z und P so, daß für die euklidischen Längenmaße der Strecken gilt:

$$|\overline{ZP}| \cdot |\overline{ZP'}| = r^2 .$$

Bei analoger Definition der Grundgebilde und Grundrelationen (vgl. [25] und [36]) ist auch dieses Modell eine gültige Interpretation der hyperbolischen Geometrie, obwohl sie natürlich an „schlichter Einfachheit" dem h-Modell wesentlich nachsteht.

Als einziger Vorteil gegenüber dem h-Modell wird geltend gemacht, daß in ihm die Winkelmessung mit der im Euklidischen übereinstimmt, so man den „Winkel" zwischen zwei „Geraden" als den Winkel definiert, den die Kreistangenten im Schnittpunkt der Halbkreise (bei zwei Halbkreisen) bzw. den Kreistangente und „Gerade" (bei Halbkreis und Halbgerade) einschließen (Fig. 7.2), d. h., es brauchen zur Messung dieses „Winkels" nur zwei Verbindungsgeraden gezeichnet und zwei Senkrechte errichtet zu werden.

Da man im h-Modell mit dem gleichen „Aufwand" erst den h-Halbierungspunkt M (Fig. 7.3) der Verbindungsstrecke $\overline{OS}$ gefunden hat, müssen (zur h-Punktspiegelung an

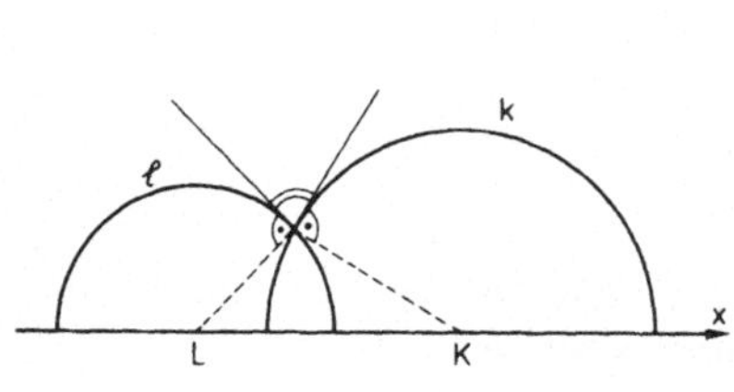
Fig. 7.2

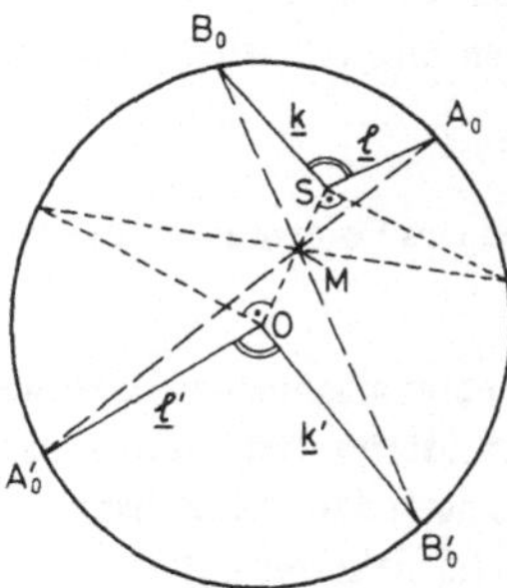
Fig. 7.3

M, die den h-Winkel ∢ ($\underline{\ell}$, $\underline{k}$) in den „absoluten" h-Winkel ∢ ($\underline{\ell}'$, $\underline{k}'$) überführt) in der
Tat vier Verbindungsgeraden (durch A_0 und M: A_0', durch B_0 und M: B_0', und schließ-
lich $\overline{A_0'O}$ und $\overline{B_0'O}$) m e h r gezeichnet werden, um dieselbe Messung durchzuführen.

Die Meinungen darüber, ob allein durch diese Einsparung bei der Winkelmessung die
Bevorzugung des Poincaréschen Modells didaktisch gerechtfertigt sei, sind geteilt.
D a g e g e n sprechen die vielen Fallunterscheidungen, die in Fig. 7.4 nur am Beispiel
des einfach-asymptotischen Dreiecks verdeutlicht sind. Es kommt hinzu, daß sich bezüglich der Gestalt seiner „Geraden" vom Poincaré-Modell scherzhaft feststellen läßt,
daß es lediglich demonstriere, „wie k r u m m die Wege sein können, die man beschrei-
ten kann, ohne mit den Gesetzen in Konflikt zu geraten".

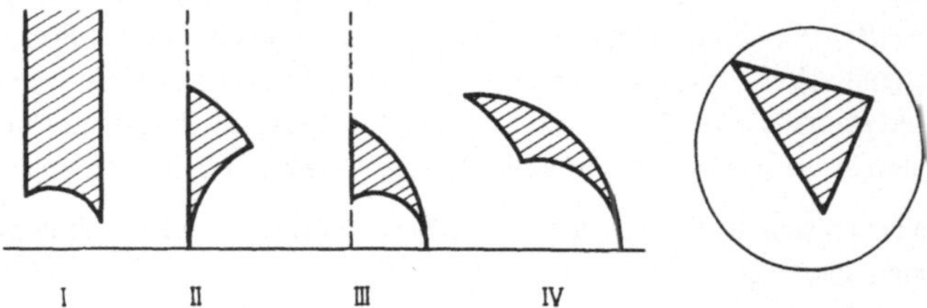

Fig. 7.4   I   II   III   IV

Unabhängig jedoch von dieser didaktischen Beurteilung ist die Tatsache, daß sich beweisen läßt, daß a l l e Modelle der hyperbolischen Geometrie zueinander „ i s o -
m o r p h ' ' sind (vgl. z. B. [37]), d. h., es gibt stets eine eindeutige Abbildung der
„Punkte", „Geraden" usw. des einen Modells auf die entsprechenden Gebilde des anderen Modells derart, daß alle Relationen („zwischen", „kongruent", „orthogonal" etc.)
erhalten bleiben. Eine Aussage, die in dem einen Modell der hyperbolischen Geometrie
wahr ist, muß es in dem anderen auch sein und umgekehrt. Diesen Sachverhalt drückt
man dadurch aus, daß man sagt, das Axiomensystem der hyperbolischen Geometrie sei
– wie auch das der euklidischen – m o n o m o r p h (oder auch k a t e g o r i s c h).

Diese Eigenschaft besitzen nicht alle geometrischen Axiomensysteme. So hat z. B. das
der absoluten Geometrie Modelle (die von Klein und Poincaré einerseits und das euklidische andererseits), die n i c h t isomorph zueinander sind.

Außer den hier erwähnten gibt es jedoch noch eine beträchtliche Anzahl ebenfalls
„nichteuklidischer" Geometrien:

So z. B. die „elliptische", in der durch einen Punkt außerhalb einer Geraden g k e i n e
g nichtschneidende Gerade existiert. Sie weicht darüber hinaus noch in den Anordnungs-
axiomen von der euklidischen ab. Schließlich lassen sich auch die Axiome der Verknüpfung (I 1 bis I 3) und das Parallelenaxiom (IV) zu den Grundlagen einer Geometrie zusammenfassen, die „affine Inzidenzgeometrie" genannt wird. Sie ist ebenfalls nicht
monomorph und deshalb besonders interessant, weil es von ihr auch e n d l i c h e
Modelle gibt, die z. T. schon im Mittelstufenunterricht exemplarisch behandelt werden
können.

Die Untersuchung solcher verschiedenartiger Geometrien und ihrer Modelle gehört
jedoch bereits in den Bereich der „axiomatischen Geometrie".

A 7.3 Anregungen

Es wurde schon mehrfach darauf hingewiesen, daß für den axiomatischen Aufbau einer Geometrie – im Gegensatz zu dem von uns gewählten Vorgehen – lediglich die „rein logischen Zusammenhänge" maßgebend, ihre möglichen anschaulichen Deutungen nur von sekundärem Interesse sind.

Trotzdem führen in der Regel M o d e l l u n t e r s u c h u n g e n zu einem vertieften Verständnis der jeweils interpretierten Geometrien. Sie lassen – wie am Beispiel des h-Modells gezeigt – durch „Kontrastwirkung" auch die charakteristischen Eigenarten unserer eigenen Geometrie deutlich werden. Das Übertragen von Aufgaben aus der euklidischen Schulgeometrie ins h-Modell (oder auch in das von Poincaré) und das Suchen nach ihren modellgemäßen Lösungen ist daher ein gutes Training für das Erfassen geometrischer Gesetzmäßigkeiten. Als Anregung für eigene Untersuchungen in diesem Sinne seien daher nur einige wenige weiterführende Problemstellungen aufgeführt:

Wie lassen sich die sog. „Steinerschen Konstruktionen" allein mit dem Lineal ins h-Modell übertragen?

In Abschn. 4.2 wurde festgestellt, daß der h-Kreis als Ellipse nur punktweise konstruierbar ist. Für elementare Konstruktionen muß daher auf einen „h-Zirkel" verzichtet werden. Dadurch erlangen diese Steinerschen Konstruktionen für das h-Modell eine gewisse Bedeutung.

In welcher Rangfolge nach dem Schwierigkeitsgrad sind die Dreieckskonstruktionen in beiden Modellen einzuordnen?

Der Fall (SSS) gehört sicher nicht mehr zu den leichtesten; der – schwierige – Fall (WWW) kommt hinzu. Er führt u. a. zu den Neper-Engelschen Regeln (vgl. [23]).

Welche Konstruktionen lassen sich ohne Benutzung von Randpunkten – aber gegebenenfalls mit Hilfe der sog. „Hjelmslevschen Mittellinie" – ausführen?

Die Möglichkeit, auf Punkte im „Überunendlichen", die also außerhalb des Einheitskreises liegen, zu verzichten, ist schon durch Aufgabe 4.10 gesichert.

Welche Bedingungen muß ein h-Dreieck (h-Viereck, ein h-Polygon) erfüllen, damit sich mit ihm die h-Ebene parkettieren läßt?

Im Euklidischen erfüllt jedes Dreieck und Viereck diese Bedingungen.

Wie ist die Trigonometrie im h-Modell aufzubauen?

Welche Sätze über die „merkwürdigen Punkte im Dreieck" gelten auch im h-Modell?

Es gibt h-Dreiecke, die keinen gemeinsamen Höhenschnittpunkt besitzen.

Welche regulären h-n-Ecke gibt es, und wie sind sie zu konstruieren?

Nicht jedem h-Kreis läßt sich ein reguläres h-n-Eck umschreiben.

Wie lassen sich h-Umfang und h-Flächenmaß eines h-Kreises bzw. die h-Länge eines Abstandslinienbogens ermitteln?

Welche Konstruktionen sind im h-Modell mit Zirkel und Lineal möglich?

(Auf die Quadratur bestimmter h-Kreise wurde schon in den Übungsaufgaben hingewiesen. Darüber hinaus ist die n-Teilung eines Horozykelbogens möglich.)

Zur Lösung dieser und vieler ähnlicher Aufgaben kann nur z. T. auf die angegebene weiterführende Literatur zurückgegriffen werden. Es bleibt für das h-Modell noch genügend Spielraum zur Entwicklung eigener Überlegungen![1]

Die Erfahrung hat gezeigt, daß Studierende gerade an solchen – im besten Sinne „problemorientierten" – selbständigen Erkundungsversuchen viel Freude gewonnen haben. Einigen von ihnen geht es dabei wie den Lotophagen Homers: „Wenn sie einmal von dieser Frucht gekostet haben, können sie nicht mehr davon lassen."

––––––––––

[1] Interessante Aufgabenstellungen findet man auch in dem sehr schönen Werk von Coxeter [13].

Symbolverzeichnis

Abbildungen		kongruent	
allgemeiner Punktmengen	Γ	euklidisch	$\equiv_e$
Polarenspiegelung	S_p	hyperbolisch	$\equiv_h$
h-Drehung	D_h	parallel	
h-Punktspiegelung		euklidisch	$\parallel_e$
(am h-Punkt Z)	D_h^Z	h-parallel	$\parallel_h$
h-Translation	T_k	Punkte (Großbuchstaben)	
Grenzdrehung	G_R	z. B.:	A, B, X
h-Schubspiegelung	Sch_k	Strecken	
h-Bewegung, allgemeine	H	offen	AB
Abstandslinie (der h-Gera-		abgeschlossen	$\overline{AB}$
den k)	A_k	Streckenmaß	
Defekt (des h-Polygons P)	def (P)	euklidisch	$L_e\,(\overline{AB})$ oder
Ebenen (E mit Index)			$|\overline{AB}|_e$
z. B.:	E_0	hyperbolisch	$L_h\,(\overline{AB})$ oder
Halbebenen (unterstri-			$|\overline{AB}|_h$
chen) z. B.:	$\underline{E_0}$	Winkel (zwischen Halb-	
ergänzungsgleich	$\underset{e}{=\!=}$	geraden)	$\sphericalangle\,(\underline{\ell},\,\underline{k})$
Flächenmaß (des Polygons		sonst	$\sphericalangle$ ABC oder
P)			α, β
euklidisch	F_e (P)	Winkelmaß	
hyperbolisch	F_h (P)	euklidisch	$W_e\,(\alpha)$ oder α_e
Geraden	g, k oder	hyperbolisch	$W_h\,(\alpha)$ oder
	(AB)		α_h
Halbgeraden (unter-		zerlegungsgleich	$\underset{z}{=\!=}$
strichen)	$\underline{g},\ \underline{k}$	Es wird durchgehend die mengentheoretische	
Horozykel (mit Rand-		Schreibweise benutzt. $P \in g$ für: der Punkt P	
punkt R)	H_R	liegt auf der Geraden g.	

Literaturverzeichnis

[1]   B a c h m a n n, F.: Absolute Geometrie und Spiegelungen. Vorlesungsskript.
      2. Aufl. Kiel 1972

[2]   B a c h m a n n, F.: Aufbau der Geometrie aus dem Spiegelungsbegriff. 2. Aufl.
      Berlin 1973

[3]   B a l d u s, R.; L ö b e l l, F.: Nichteuklidische Geometrie. 4. Aufl. Berlin 1964.
      = Slg. Göschen, Bd. 970/970a

[4]   B e h n k e, H.: Die Autonomie der Geometrie. Math. Phys. Sem. Ber. 1 6
      Göttingen 1971; (G)

[5]   B e h n k e, H.; B a c h m a n n, F. et a.: Grundzüge der Mathematik II. Geometrie
      Teil A und B. Göttingen 1967 u. 1971

[6]   B e h n k e, H.; G r a u e r t, H.: Die unendlichfernen Punkte. Grundzüge der
      Mathematik III. Göttingen 1962

[7]   B e l l, E. T.: Die großen Mathematiker. Düsseldorf 1967; (G)

[8]   B o n o l a, R.: Die nichteuklidische Geometrie. 9. Aufl. Leipzig 1908; (G)

[9]   B r e i d e n b a c h, W.: Raumlehre in der Volksschule. 9. Aufl. Hannover 1966

[10] B u c h m a n n, G.: Endliche Geometrien im Raumlehreunterricht der Volks-
      schuloberstufe. Die Ganzheitsschule, Heft 2. Freiburg 1968

[11] C a n t o r, M.: Vorlesungen über die Geschichte der Mathematik. Stuttgart 1965;
      (G)

[12] C o x e t e r, H. S. M.: Non-Euclidian Geometrie. Toronto 1968

[13] C o x e t e r, H. S. M.: Unvergängliche Geometrie. Basel 1963

[14] E n g e l, F.; S t ä c k e l, P.: Urkunden zur Geschichte der nichteuklidischen
      Geometrie I und II. Leipzig 1899 und 1913; (G)

[15] F r e u d e n t h a l, H./ B a u r, A.: Geometrie – phänomenologisch (in: [5])

[16] F r i s c h a u f, J.: Elemente der absoluten Geometrie. Leipzig 1876

[17] H i l b e r t, D.: Grundlagen der Geometrie. 11. Aufl. Stuttgart 1972

[18] H o f m a n n, J. E.: Geschichte der Mathematik I–III. Berlin 1963. = Slg.
      Göschen, Bd. 226/226a; (G)

[19] K i l l i n g, W.; H o v e s t a d t, H.: Handbuch des Mathematischen Unterrichtes.
      Leipzig 1910

[20] K l e i n, F.: Vorlesungen über nicht-euklidische Geometrie. Nachdruck. Berlin
      1968

[21] K r o p p, G.: Geschichte der Mathematik. Heidelberg 1969; (G)

[22] L e n z, H.: Nichteuklidische Geometrie. Mannheim 1967. = BI-Hochschultaschen-
      buch, Bd. 123

[23] L i e b m a n n, H.: Nichteuklidische Geometrie. Berlin 1912

[24] M e s c h k o w s k i, H.: Grundlagen der euklidischen Geometrie. Mannheim
      1969. = BI-Hochschultaschenbuch, Bd. 105

[25] M e s c h k o w s k i, H.: Nichteuklidische Geometrie. 2. Aufl. Braunschweig 1961

[26] N o r d e n, A. P.: Elementare Einführung in die Lobatschewskische Geometrie. Berlin 1958

[27] O b e r s c h e l p, A.: Grundlagen der Geometrie. Frankfurt 1966. = Fischer Lexikon Mathematik 29/2

[28] P a p y, G.: Taximetrie. In: Bild der Wissenschaft, Heft 6. Stuttgart 1970

[29] P e r r o n, O.: Nichteuklidische Elementargeometrie der Ebene. Stuttgart 1962

[30] P r o k s c h, R.: Geometrische Propädeutik. Göttingen 1956

[31] S i m o n, M.; F l a d t, K.: Nichteuklidische Geometrie. Beihefte Z. Mathem. Naturw. Unterricht (1925)

[32] S t e i n e r, H. G.: Frege und die Grundlagen der Geometrie I. Math. Phys. Sem. Ber. 1 1 (1964)

[33] S t e i n e r, H. G.: Grundlagen und Aufbau der Geometrie in didaktischer Sicht. Münster 1966

[34] T e r a s a, D.: Beiträge zu den hyperbolisch-kongruenten Abbildungen im Kleinschen Modell. Ex. Arb. z. 1. Lehrerprfg. Flensburg 1972

[35] v a n d e r W a e r d e n, B. L.: Erwachende Wissenschaft. 1956; (G)

[36] Z e i t l e r, H.: Hyperbolische Geometrie. München 1970

[37] Z e i t l e r, H.: Zwei Modelle der hyperbolischen Geometrie und ihr Zusammenhang. Math. Phys. Sem. Ber. 1 4 (1967)

Davon sind zum Weiterstudium für Lehrerstudenten besonders geeignet:

für das Kleinsche Modell: [3] und [26],
für das von Poincaré: [25] und [37],
für beide Modelle: [12] und [22],
ohne Bezug auf ein spezielles Modell: [23] und [29].

Sachverzeichnis

Weitere Teubner-Lehrbücher zur Geometrie

Degen/Profke: **Grundlagen der affinen und euklidischen Geometrie**
1975. (Mathematik für das Lehramt an Gymnasien)

Aus dem Inhalt: Affine Inzidenzebenen / Translationsebenen / Desarguessche Ebenen /
Anordnung / Orthogonalität / Euklidische Spiegelungsgeometrie / Flächeninhaltslehre

Hilbert: **Grundlagen der Geometrie**
Mit Supplementen von P. Bernays
11. Auflage. 1972. VII, 271 Seiten mit 129 Bildern. Kart. DM 18,80 (Teubner Studien-
bücher)

Aus dem Inhalt: Die fünf Axiomgruppen / Widerspruchsfreiheit und gegenseitige Unab-
hängigkeit der Axiome / Lehre von den Proportionen, von den Flächeninhalten in der
Ebene / Desarguesscher Satz / Pascalscher Satz / Geometrische Konstruktionen auf Grund
der Axiome I bis IV / Anhang: Über die gerade Linie als kürzeste Verbindung zweier
Punkte, Über den Satz von der Gleichheit der Basiswinkel im gleichschenkligen Dreieck,
Neue Begründung der Bolyai-Lobatschefskyschen Geometrie, Über die Grundlagen der
Geometrie, Über Flächen von konstanter Gaußscher Krümmung · Supplemente I–V

Laugwitz: **Differentialgeometrie**
2., durchgesehene Auflage. 1968. 183 Seiten mit 44 Bildern. Ln. DM 36,– (Mathematische Leitfäden)

Aus dem Inhalt: Lokale Differentialgeometrie der Raumkurven / Lokale Differentialgeometrie der Flächen / Tensorrechnung und Riemannsche Geometrie / Weiterer Aus-
bau und Anwendungen der Riemannschen Geometrie / Aus der Differentialgeometrie
im Großen

Leichtweiß/Profke: **Analytische Geometrie**
Eine Einführung
1972. 184 Seiten mit 15 Bildern, 34 Aufgaben und 58 Beispielen. Kart. DM 8,80 (Teubner Studienskripten, Bd. 12)

Aus dem Inhalt: Lineare Gleichungssysteme / Vektorraum / Affiner Raum / Lineare Abbildungen, Matrizen / Theorie der Quadriken / Euklidischer Raum

Perron: **Nichteuklidische Elementargeometrie der Ebene**
1962. 134 Seiten mit 70 Bildern. Ln. DM 28,– (Mathematische Leitfäden)

Aus dem Inhalt: Grundbegriffe / Axiome / Begriff der Nichteuklidischen Geometrie /
Parallelwinkel / Rechtwinkliges Dreieck und Spitzeck / Konstruktionsaufgaben / Winkel-
funktionen S (α) und C (α) / Identifizierung von S (α) und C (α) mit sin α und cos α /
Berechnung des Parallelwinkels II (κ) / Trigonometrie / Schnittpunktsätze beim Dreieck /
Flächeninhalt / Kreis / Grenzkreis / Abstandslinie / Widerspruchsfreiheit

Preisänderungen vorbehalten

Teubner Studienbücher

Mathematik

Böhmer: **Spline-Funktionen**
Theorie und Anwendungen. 340 Seiten. DM 24,80

Clegg: **Variationsrechnung**
138 Seiten. DM 14,80

Collatz: **Differentialgleichungen**
Eine Einführung unter besonderer Berücksichtigung der Anwendungen
5. Aufl. 226 Seiten. DM 18,80 (LAMM)

Collatz/Krabs: **Approximationstheorie**
Tschebyscheffsche Approximation mit Anwendungen. 208 Seiten. DM 26,80

Constantinescu: **Distributionen und ihre Anwendung in der Physik**
144 Seiten. DM 16,80

Fischer/Sacher: **Einführung in die Algebra**
238 Seiten. DM 15,80

Grigorieff: **Numerik gewöhnlicher Differentialgleichungen**
Band 1: Einschrittverfahren. 202 Seiten. DM 13,80
Band 2: Mehrschrittverfahren

Hainzl: **Mathematik für Naturwissenschaftler**
311 Seiten. DM 29,– (LAMM)

Hilbert: **Grundlagen der Geometrie**
11. Aufl. VII, 271 Seiten. DM 18,80

Jaeger/Wenke: **Lineare Wirtschaftsalgebra**
Eine Einführung
Band 1: XVI, 174 Seiten. DM 17,80 (LAMM)
Band 2: IV, 160 Seiten. DM 17,80 (LAMM)

Kochendörffer: **Determinanten und Matrizen**
IV, 148 Seiten. DM 14,80

Stiefel: **Einführung in die numerische Mathematik**
Eine Darstellung unter Betonung des algorithmischen Standpunktes
4. Aufl. 257 Seiten. DM 18,80 (LAMM)

Stummel/Hainer: **Praktische Mathematik**
299 Seiten. DM 26,80

Topsøe: **Informationstheorie**
Eine Einführung. 88 Seiten. DM 11,80

Walter: **Biomathematik für Mediziner**
148 Seiten. DM 14,80

Witting: **Mathematische Statistik**
Eine Einführung in Theorie und Methoden. 2. Aufl. 223 Seiten. DM 24,– (LAM

Preisänderungen vorbehalten